Contributiones Biologiae Arborum
Vol. 1

Herausgegeben von:

Erwin Führer
Institut für Forstentomologie und Forstschutz
Universität Wien
Hasenauer Strasse 38
A-1190 Wien

Theodor Keller
Eidgenössische Anstalt für das forstliche Versuchswesen
CH-8903 Birmensdorf

Peter Schütt
Lehrstuhl für Forstbotanik
Universität München
Amalienstrasse 52
D-8000 München 40

L.J. Kučera
H.H. Bosshard

Holzeigenschaften geschädigter Fichten

avec un résumé detaillé en français
including a comprehensive summary in English

1989

Birkhäuser Verlag
Basel · Boston · Berlin

Anschrift der Autoren:

L.J. Kučera
H.H. Bosshard
Institut für Wald- und Holzforschung
ETH-Zentrum
8092 Zürich/Schweiz

Die vorliegende Arbeit wurde im Rahmen des Nationalen Forschungsprogrammes 12
(«Holz, erneuerbare Rohstoff- und Energiequelle») des Schweizerischen Nationalfonds zur
Förderung der wissenschaftlichen Forschung (Projekt Nr. 4.966.0.86.12) durchgeführt und
mit dessen Unterstützung gedruckt.

CIP-Titelaufnahme der deutschen Bibliothek
Kučera, Ladislav J.:
Holzeigenschaften geschädigter Fichten: avec un résumée
detaillé en français ; incl. a comprehensive summary in English /
L. J. Kučera ; H. H. Bosshard. - Basel ; Boston ; Berlin :
Birkhäuser, 1989
(Contributiones biologiae arborum ; Vol- 1)

ISBN 978-3-7643-2264-9   ISBN 978-3-0348-7396-3 (eBook)
DOI 10.1007/978-3-0348-7396-3

NE: Bosshard, Hans.:; GT

Umschlaggestaltung: Albert Gomm swb, asg, Basel

Editorial

The complex problems of environmental pollution today have made us aware of just how little we know about the basic biological mechanisms of trees. As a result, scientific studies of forests and trees have increased worldwide, and are now causing a barrage of articles to be published in various journals as well as in numerous congress reports. Comprehensive review articles and detailed research papers on the other hand are comparatively rare. What is more, their publication is often obstructed by the very structure and character of scientific publishing today. Voluminous but specialized manuscripts pose too much of a financial risk if published in book form, and they are often too long to be placed in journals. Consequently, they are published as local research reports which often go unnoticed, or they are split up into multiple shorter articles. This situation, however, is hardly conducive to an interdisciplinary, scientific exchange of information !

CONTRIBUTIONES BIOLOGIAE ARBORUM is a new series which hopes to counter this development. It will publish original papers as they are received, review articles and research reports on the morphology, anatomy, physiology and pathology of forest trees, in English and German. The series will also include papers on forest conservation, wood biology and breeding research as well as results from work on air pollution.
CBA regards itself not as competitor, but as a complement to existing scientific publications. The aim of the series is to publish a comprehensive coverage of extensive original works of high scientific quality.

Volume 1 of the series presents the final report of a topical research project in wood biology. It should help to establish the style, tenor and scientific standards of CBA.

August 1988

Peter Schütt
University of Munich

6

<u>Editorial</u>

Weltweit nimmt die Zahl der wissenschaftlichen Untersuchungen an Wäldern und Waldbäumen stark zu. Anlass dazu geben die Probleme der Umweltbelastung, die uns vor Augen führen, wie wenig wir über fundamentale biologische Gegebenheiten unserer Bäume wissen.

Niedergeschlagen hat sich die erhöhte wissenschaftliche Aktivität in ungezählten, weit verstreuten Zeitschriftenartikeln und zahlreichen Kongressberichten. Gemessen daran sind ausführliche Sammelarbeiten und längere Forschungsberichte selten. Mehr noch, gerade diese Art von Veröffentlichung wird durch Struktur und Charakter des wissenschaftlichen Publikationswesens eher behindert, weil umfangreiche, fachspezifische Manuskripte für Buchausgaben kaufmännisch zu riskant und für Zeitschriften zu platzaufwendig sind. Die Folge: Sie erscheinen als kaum beachtete, lokale Forschungsberichte oder werden in mehrere kurze Artikel aufgeteilt. Genau dies ist aber dem fächerübergreifenden, wissenschaftlichen Informationsaustausch abträglich !

CONTRIBUTIONES BIOLOGIAE ARBORUM (CBA) ist eine neue Schriftenreihe, die dieser Entwicklung entgegenwirken will. Sie publiziert in unregelmässiger Folge längere Originalarbeiten, Literaturübersichten und Forschungsberichte aus der Morphologie, Anatomie, Physiologie und Pathologie der Waldbäume, einschliesslich des gesamten Forstschutzes, der Holzbiologie und der Züchtungsforschung. Auch Ergebnisse der Immissionsforschung sollen behandelt werden.
CBA versteht sich nicht als Konkurrenz, sondern als Ergänzung zu bestehenden wissenschaftlichen Zeitschriften. Das Ziel der Reihe ist, die Veröffentlichung inhaltlich abgerundeter, längerer Arbeiten hohen wissenschaftlichen Standards (auch Dissertationen), in englischer oder auch in deutscher Sprache. Dies war in unserem Fachgebiet bislang nur mit Schwierigkeiten und zusätzlichen Kosten realisierbar. Wir hoffen, dass Qualität und redaktionelle Bedingungen dazu beitragen werden, CBA bei Autoren und Beziehern zu einer angesehenen internationalen Publikationsreihe zu machen.

Der vorliegende erste Band der Reihe ist ein Abschlussbericht eines aktuellen holzbiologischen Forschungsprojektes. Er mag dazu dienen, Stil, Erscheinungsbild und wissenschaftlichen Standard der CBA deutlich zu machen.

August 1988   Peter Schütt
                                     Universität München

Ipsa scientia potestas est

Francis Bacon (1561 - 1626):
Meditationes sacrae

VORWORT

Die Fichte ist die wichtigste Baumart des mitteleuropäischen Waldes. Eine hervorragende oekologische Bedeutung erreicht sie besonders in den Gebirgslagen. Das Fichtenholz hat dank seiner ausgezeichneten technischen Eigenschaften eine vielseitige Verwendung. Die wirtschaftliche Nutzung des Fichtenholzes ergibt die finanzielle Grundlage für die unverzichtbare Waldpflege. Daher ist die Fichtenholzqualität sowohl für die Forst- als auch für die Holzwirtschaft von Bedeutung.

Dieses Buch ist der Frage der Holzqualität geschädigter Fichten gewidmet. Dabei werden biologische wie technische Fragen am gleichen Material beantwortet. Daneben enthält es zahlreiche neue Erkenntnisse über die holzkundlichen Zusammenhänge im Baumkörper. Methodischen Fragen wird in doppelter Hinsicht Aufmerksamkeit gewidmet. Einerseits werden die Grundsätze für die Planung holzkundlicher Untersuchungen dargelegt. Andererseits werden zwei neuere Methoden zur Ermittlung des Wassergehaltes im Holzkörper – die Kernspintomographie (NMR) und die elektrische Widerstandsmessung mit der Messonde VITAMAT – ausführlich vorgestellt.

Das Gelingen unseres Projektes wurde durch Institutionen und Personen ermöglicht, deren Beitrag nicht verschwiegen werden darf. Der Schweizerische Nationalfonds zur Förderung der wissenschaftlichen Forschung hat dieses Projekt finanziert und die Veröffentlichung der Arbeit in Buchform durch einen Druckkostenbeitrag ermöglicht. Massgeblichen Anteil am Zustandekommen dieser Untersuchung hatte der verstorbene Programmleiter des Nationalen Forschungsprogrammes 12 "Holz, erneuerbare Rohstoff- und Energiequelle", Herr Dr. E.P. Grieder. Er hat sich mit der ihm eigenen Beharrlichkeit für dieses Projekt – wie überhaupt für die Belange der Holzwirtschaft – eingesetzt. Wir wollen ihm mit dieser Studie ein ehrendes Andenken bewahren. Sein Nachfolger, Herr Dr. Andreas Hurst, half uns bei der Lösung organisatorischer Fragen bei der Berichterstattung. Die vorbereitenden Arbeiten – Wahl der Standorte, Bestände und Versuchsbäume – wurden im Frühjahr 1986 von Frau B. Commarmot und Herrn O. Schneider, beide vom Fachbereich Forsteinrichtung, Institut für Wald- und Holzforschung der ETH Zürich, vorgenommen. Die Kronenansprache der Versuchsbäume oblag Herrn Dr. D. Lüscher vom Fachbereich Dendrologie. An der Vorbereitung, Durchführung und Auswertung der vorliegenden Untersuchungen haben sich die nachfolgenden Mitarbeiter des Fachbereiches Holzkunde und Holztechnologie beteiligt: Frau Dr. L. Bergamin Strotz, Herr M. Bolliger, Herr Dr. Hp. Bucher, Herr Dr. K. Buchmüller, Frl. S. Croptier, Frl. C. Dominguez, Frau T. Geisinger, Herr B. Huber, Herr K. Moshfegh, Herr A. Osuský, Frau U. Stocker, Herr A. Stoll, Herr J. Tábaček, Herr F. Trachsel und Herr Dr. E. Zürcher. Die NMR-Untersuchungen wurden bei der Spectrospin AG in Fällanden ausgeführt, wobei uns Herr Dr. P. Brunner und seine Mitarbeiter vielfältige technische Hilfe gewährt haben. Bei der Entwicklung des Messgerätes VITAMAT wurden wir von Herrn Dr. Jürgen Sell, Abteilungsleiter und seinen Mitarbeitern den Herren M. Arnold und R. Laube von der Abteilung Holz an der EMPA Dübendorf unterstützt. Der VITAMAT ist ein feldtaugliches Messgerät zur Erfassung der Wasserverteilung im stehenden Stamm (z.B. Splintholzbreite, Nasskernauftreten, fortgeschrittener Pilzbefall) oder im verbauten Holz (nasse Fäulnis). Dieses Gerät wurde in der vorliegenden Untersuchung und mittlerweile in 4 Diplomarbeiten und mehreren Einzeluntersuchungen erfolgreich eingesetzt. Es ist unseren langjährigen guten Beziehungen zum Birkhäuser Verlag in Basel zu verdanken, dass der Schlussbericht auf seine Publikationswürdigkeit hin geprüft wurde. Herr Prof. Dr. P. Schütt von der Universität München beschloss, unseren Bericht in die neugegründete Reihe CONTRIBUTIONES BIOLOGIAE ARBORUM aufzunehmen, eine Bewertung, die uns gefreut hat. Beim Birkhäuser Verlag lag die Drucklegung unserer Studie in den sachkundigen Händen der Herren Hp. Thür und A. Bally, die uns halfen, die notwendigen Aenderungen effizient durchzuführen.

Es ist uns ein Anliegen, den Genannten unseren besten Dank auszusprechen.

Zürich, im August 1988   Ladislav Josef Kučera
                                          Hans Heinrich Bosshard

INHALTSVERZEICHNIS

1. EINLEITUNG

1.1 Geschichte des Projektes

Die hier vorliegende Studie ist eine leicht modifizierte Fassung des Schlussberichtes, in welchem die Ergebnisse eines gleichnamigen Projektes zu Handen des Schweizerischen Nationalfonds zur Förderung der wissenschaftlichen Forschung dargestellt wurden. Ausgangspunkt zu unserem Projekt war ein Forschungsgesuch von Prof. Rodolphe Schlaepfer, Fachbereich Forsteinrichtung, Institut für Wald- und Holzforschung der ETH Zürich, mit dem Titel "Einfluss" der Waldschäden auf die Rohholzproduktion der Schweiz", welches Ende 1985 beim Schweizerischen Nationalfonds eingereicht wurde. Die Expertenkommission nahm zum Gesuch befürwortend Stellung, empfahl jedoch gleichzeitig die Ergänzung der Untersuchungen durch holzkundliche und holztechnologische Fragestellungen. Daraufhin wurden zwei Zusatzprojekte konzipiert, nämlich unser Projekt "Holzeigenschaften geschädigter Fichten" (Forschungsträger: Fachbereich Holzkunde und Holztechnologie, Institut für Wald und Holzforschung der ETH Zürich) und das Projekt "Makroskopische Merkmale und Festigkeitseigenschaften des Fichtenholzes aus der Schweiz" (Forschungsträger: Schweizerische Holzfachschule in Biel). Im Hinblick auf die thematische Vielfalt und den Umfang der drei Projekte wurde eine getrennte Berichterstattung vereinbart. Notwendig war hingegen eine detaillierte Koordination der Zeit- und Probenplanung bei der Beschaffung des Versuchsmaterials. Unser Projekt wurde in 21 Monaten (1. Juli 1986 - 1. April 1988) verwirklicht.

1.2 Aufgabenstellung und Zielsetzung

Die geschädigten Nadelbäume zeichnen sich durch ein verlangsamtes Wachstum aus, eine Tatsache, welche in den letzten Jahren durch rund zwei Dutzend unabhängiger Untersuchungen belegt wurde (vgl. z.B. Hinweise bei KUČERA 1984). Somit wird der Zuwachs beeinträchtigt und die Forstwirtschaft erleidet laufend Ertragsverluste. Als wichtige Frage ist zu untersuchen, ob die verminderte Quantität des Zuwachses mit veränderter Qualität des Holzes einhergeht. Ein solcher Zusammenhang kann nicht von vornherein ausgeschlossen werden. Ganz im Gegenteil: Es gibt einige erwiesene Zusammenhänge zwischen der Breite und dem Aufbau eines Jahrringes (z.B. ist der Gefässanteil bei den ringporigen Laubholzarten negativ mit der Jahrringbreite korreliert). Eine veränderte Qualität würde aber die Verluste der ohnehin finanziell stark belasteten Forstbetriebe noch anwachsen lassen. Die Aufgabe unserer Studie war, die oben gestellte Frage in Bezug auf die Baumart Fichte zu beantworten.

Unsere Ergebnisse sollten eine Grundlage bilden für Folgerungen auf verschiedenen Ebenen:
- forstpolitisch (Bewertung der Verluste in der Forstwirtschaft; Nutzungsplanung.)
- holzmarktbezogen (Prognose über die zukünftige Sortimentsentwicklung; Berechtigung allfälliger Preisnachlässe.)
- holztechnologisch (Empfehlungen über die Verarbeitung und Verwendung des Holzes geschädigter Bäume.)

Als konkrete Zielsetzungen sind zu nennen:
- Behebung allfälliger voreiliger Vorwürfe, welche im konfusen Begriff "Schadholz" ihren Ausdruck finden.
- Förderung der mengen- und sortimentsmässigen Verwendung des Holzes geschädigter Fichten.
- Schaffung von Grundlagen für forstpolitische und holztechnologische Tätigkeit, falls sich Qualitätsunterschiede als relevant erweisen sollten.

Die Beantwortung der Frage nach der Qualität des Holzes geschädigter Fichten setzt die Anwendung zahlreicher Untersuchungsmethoden voraus. Es ist ein Gebot der Wirtschaftlichkeit unserer Arbeit, aus dem anfallenden Informationsmaterial (Zahlen, Bilder, etc.) möglichst viele Erkenntnisse zu gewinnen. Zusätzlich zum Hauptergebnis der Arbeit strebten wir Nebenergebnisse auf folgenden Gebieten an:

1. Ursachenforschung. Es wurde versucht, zur Ursache der verminderten Baumvitalität anhand holzbiologischer Merkmale mögliche Erklärungen zu finden.
2. Grundlagenforschung. Die vielschichtigen Informationen wurden ausgewertet im Sinne einer Ueberprüfung und/oder Ergänzung bestehender Kenntnisse der Eigenschaften des Fichtenholzes.
3. Methodische Erkenntnisse. Im Bereich der Ermittlung des Splintholzanteiles und -wassergehaltes konnten mit dem vorliegenden Zahlen- und Bildmaterial vier verschiedene Methoden (visuelle Beurteilung, Darrtrocknung, elektrische Widerstandsmessung, Kernspintomographie) untereinander kritisch verglichen werden.

1.3 Versuchsplan

Die Auswahl des Materials und die Planung der dazu erforderlichen Untersuchungen basieren auf einigen Ueberlegungen und praktischen Bedingungen, die hier kurz angemerkt werden. Einige der hier geltenden Zusammenhänge sind aus dem Bild 1.1 ersichtlich.
Grundsätzlich ging es dabei darum, die <u>Repräsentanz</u> des Untersuchungsmaterials für das Schweizer Fichtenholz sowie die <u>Relevanz</u> der Ergebnisse möglichst für viele der Verwendungsgebiete sicherzustellen, stets unter der Berücksichtigung der <u>Baumvitalität</u>, beurteilt nach visuellen Merkmalen.

Bild 1.1: Die Entstehungsgeschichte des Rohholzes (Schema)

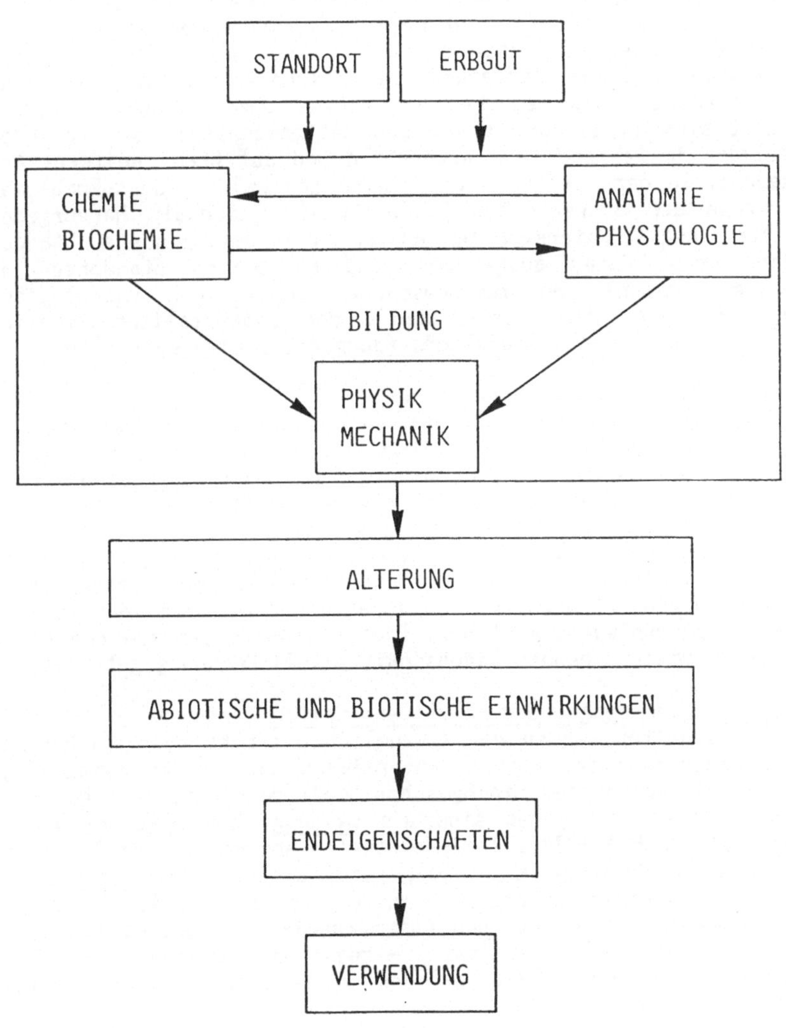

Mängel in der Konzeption, Organisation und Koordination der Forschung auf dem Gebiet des Waldsterbens wurden von SCHÜTT (1983) zu recht angeprangert und Massnahmen zur Sicherstellung grösserer Effizienz beim Einsatz der zur Verfügung stehenden Geldmittel verlangt. In Ergänzung seiner Kritik ist festzuhalten, dass viele sauber ausgeführte Forschungsarbeiten durch mangelhafte Versuchsplanung oder zu wenig sorgfältige Auswahl des Versuchsmaterials in ihrer Aussagekraft beeinträchtigt werden. Erkennbar sind solche Umstände am Fehlen detaillierter Angaben über das Untersuchungsmaterial und die angewendeten Methoden. Vergleiche von kontroversen Ergebnissen können in derartigen Fällen nicht mehr durchgeführt und Schlussfolgerungen nur sehr vorsichtig gezogen werden. Aus diesen Gründen haben wir uns entschlossen, unsere Versuchsplanung einschliesslich der fachlichen Begründung und die Merkmale des Untersuchungsmaterials detailliert mitzuteilen.
Unser Versuchsplan stützt sich auf die nachfolgenden allgemeinen Grundsätze und Rahmenbedingungen:

1. Voraussetzungen des Baumwachstums
Das Baumwachstum wird durch interne und externe Voraussetzungen und deren Interaktion bestimmt. Die internen Voraussetzungen sind im Erbgut festgelegt, die externen lassen sich mit einem weitgefassten Begriff Standort (Klima, Bodenbeschaffenheit, biotische und abiotische Einwirkungen) umschreiben. Das Gedeihen des Baumes gemäss dieser Voraussetzungen lässt sich an seinem Höhen- und Weitenwachstum, der soziologischen Stellung im Bestand, dem Kronenbild und auf Grund weiterer Merkmale erkennen. In der laufenden Diskussion der Waldschadens-Problematik ist die Frage der artgerechten Standortwahl wiederholt hervorgehoben worden. Für unsere Untersuchung wurden zwei verschiedene Standorte (Mittelland resp. Jura) ausgesucht, und an beiden Standorten eine gleichmässige Auswahl von Versuchsbäumen gemäss der soziologischen Stellung (herrschend resp. beherrscht), der Baumvitalität (mittlerer Nadelverlust in %) und des Baumalters (jung resp. alt) getroffen.

2. Interdependenz der Holzeigenschaften
Das Holz besitzt eine grosse Anzahl verschiedener Eigenschaften, von denen nur wenige im Rahmen eines Projektes untersucht werden können. Glücklicherweise sind die meisten Holzeigenschaften interdependent, sodass aus der Kenntnis einiger Schlüsseleigenschaften (z.B. Raumdichte, Faserlänge, Durchlässigkeit für Flüssigkeiten) viele weitere Eigenschaften näherungsweise abgeleitet werden können. Die physikalischen Holzeigenschaften lassen sich aus der chemischen Zusammensetzung und dem anatomischen Aufbau erklären, welche ihrerseits in einem Verhältnis der gegenseitigen Wechselwirkung stehen. Diesen Erkenntnissen wurde bei der Auswahl der zu untersuchenden Eigenschaften voll Rechnung getragen.

3. Zeitliche Veränderungen der Holzeigenschaften
Die Holzeigenschaften werden oft irrtümlich als mehr oder minder zeitunabhängig angesehen; tatsächlich unterliegen sie jedoch zeitbedingten Veränderungen im Rahmen des biologischen Stoffkreislaufes der Natur. Die Abschnitte dieses Kreislaufes sind die Bildung, die Alterung und die Auflösung (vgl. KUČERA 1984). In jedem dieser Abschnitte spielen sich im Holz verschiedene Vorgänge ab, welche seine Eigenschaften selektiv modifizieren. In unseren Untersuchungen wurden die beiden ersten Abschnitte – nämlich das Splint- und das Kernholz – gesondert betrachtet. Holzproben aus dem dritten Abschnitt – meistens mit einem Pilzbefall – wurden registriert und teilweise oder vollständig aus den weiteren Untersuchungen ausgeschlossen.

4. Position der Probe im Baumkörper

Abgesehen von Sondermerkmalen im Bau des Holzkörpers wie z.B. Astigkeit, Drehwuchs oder Reaktionsholzbildung sind gesetzmässige Unterschiede festzustellen welche auf zwei Einflussfaktoren zurückzuführen sind, nämlich die Witterung während der Vegetationsperiode und das Alter des Kambiums. Diese Zusammenhänge werden laufend erforscht; so ist es heute möglich, aus einigen Jahrringmerkmalen auf die Witterung vergangener Perioden zu schliessen. Das Kambiumalter - das nicht etwa mit dem Baumalter gleichzusetzen ist - beeinflusst wesentlich die Form, Grösse und den Anteil einzelner Zelltypen im Holz. Es verlaufen im Baumkörper zwei unabhängige Alterungsprozesse: die Alterung des Kambiums (quantitative Alterung) und die Alterung des Holzes (qualitative Alterung). Während die Alterung des Holzes ein irreversibler Vorgang ist (sog. primäre Alterung), kann die Alterung des Kambiums unter gewissen Umständen rückgängig gemacht werden (sog. sekundäre Alterung).Eine Kategorisierung und

Umschreibung beider Alterungsprozesse wurde von BOSSHARD (1965) postuliert.

Alle erwähnten Einflussfaktoren lassen sich durch die Festlegung der Probenstelle im Baum in horizontaler und vertikaler Richtung definieren. Unser Probenmaterial wurde nach den allgemein akzeptierten Regeln (vgl. KUČERA und BARISKA 1982) aus den Versuchsbäumen gewonnen, wobei je nach Untersuchung mehrere horizontale und vertikale Positionen berücksichtigt wurden. Die vertikale Position einer Probe muss in der Regel in Unkenntnis des Jahrringbaus ausschliesslich nach geometrischen Kriterien bestimmt werden. Für die Festlegung der horizontalen Position sind das Bildungsjahr (Jahreszahl) und das dazugehörige Kambiumalter ausschlaggebend. Durch die Jahreszahl werden Verbindungen zur Witterung und zur Alterung des Holzes sichergestellt. Das Kambiumalter widerspiegelt den Entwicklungsstand des Teilungsgewebes. Zusammenfassend muss in einer nach topologischen Kriterien geführten Untersuchung des Baumkörpers jede Holzprobe durch folgende Angaben definiert werden:
- vertikale Position (m),
- Bildungsjahr (Jahreszahl),
- Kambiumalter.

Eine zusätzliche Grösse, die meistens gleichzeitig mit der Auszählung der Jahrringe erhoben wird, ist die Jahrringbreite. Die Breite der Jahrringe wird durch externe (z.B. Witterung) und interne (sog. Alterungstrend, eine Abnahme bedingt durch die Kambiumalterung) Faktoren bestimmt. Sie ist ihrerseits mit vielen Holzeigenschaften (so z.B. im Nadelholz mit dem Spätholzanteil und folglich mit den Festigkeitswerten) korreliert. Daher ist die Kenntnis der Jahrringbreite bei den meisten Holzuntersuchungen eine eigentliche Voraussetzung.

5. Erhaltungszustand der Proben

Holzproben, die nicht unmittelbar nach der Gewinnung untersucht werden können, müssen konserviert werden. Dies geschah bei unserem Versuchsmaterial durch die Verschliessung sämtlicher Schnittflächen mittels einer Paraffinschicht während der Probenentnahme im Walde, und zwar sowohl bei den Stammabschnitten, als auch bei den Ast- und Wurzelproben. Diese Behandlung wurde vorgängig getestet und als erfolgversprechend befunden, denn sie verhinderte physikalische, physikalisch-chemische oder mikrobiologische Veränderungen. Die herauspräparierten Proben (z.B. NMR-Probekörper) wurden im Kühlschrank bei 3°C aufbewahrt. Hingegen hat sich eine chemische Fixierung der Proben (z.B. mit FAA) für die vorgesehenen Untersuchungen erübrigt.

6. Holzeigenschaften – Holzqualität

Als Qualität wird die Eignung von Holz für einen bestimmten Verwendungszweck bezeichnet. Diese Eignung hängt von den anatomischen, physikalischen, chemischen und technologischen Eigenschaften sowie vom Erhaltungszustand des Holzes ab. Die Eigenschaften sind objektiv, d.h. sachbezogen, die Qualität hingegen subjektiv, d.h. verwenderbezogen. Letzteres lässt sich gut am Beispiel der Jahrringbreite der Eiche zeigen: breite Jahrringe bedeuten eine hohe Qualität als Bauholz, jedoch eine geringe für die Furnierherstellung. Die praktische Relevanz einer Eigenschaft hängt ab von der Holzart und dem Verwendungszweck. In unsere Untersuchung wurden folgende für die Holzart Fichte relevanten Eigenschaften aufgenommen: Splintholzanteil und -wassergehalt, Tracheidenlänge, Zellwandanteil, Dauerhaftigkeit, Durchlässigkeit und Verleimbarkeit.

7. Praktische Randbedingungen

Für die detaillierte Planung der Untersuchungen mussten folgende Randbedingungen berücksichtigt werden:

- der feste zeitliche Rahmen von nur 18 Monaten,
- unsere methodisch-apparativen Möglichkeiten,
- die bisherigen Erkenntnisse.

Letzteres hat uns beispielsweise veranlasst, auf die wiederholt ausgeführten mechanischen Tests zu verzichten.

Auf Grund der geschilderten Ueberlegungen und Bedingungen haben wir den folgenden konkreten Versuchsplan zusammengestellt:

1. Kategorisierung der Versuchsbäume

Baumart: Fichte
Gebiet: Flachland (Neuendorf SO)/Jura (Ste Croix und Baulmes VD)
Entwicklungsstufe: junges und mittleres Baumholz/altes Baumholz
Soziologische Stellung: beherrscht + mitherrschend/herrschend
Gesundheitszustand: gesund (0 – 10% Nadelverlust)/krank (Nadelverlust
            über 10%).

<u>Allgemeines:</u>
Keine Besonderheiten (z.B. Verletzungen, Parasitenbefall, etc.) soweit
sichtbar (Krone, Schaft, Wurzelanläufe). Keine Randbäume (unterschiedliche Exposition der verschiedenen Kronen- und Stammbereiche). Keine
Bäume direkt an Waldstrassen grenzend. Bild 1.2 enthält eine Aufteilung
der Versuchsbäume nach den obigen Kategorien.

**Bild 1.2: Aufteilung der Versuchsbäume für holzkundliche Untersuchungen
nach Kategorien (Schema)**

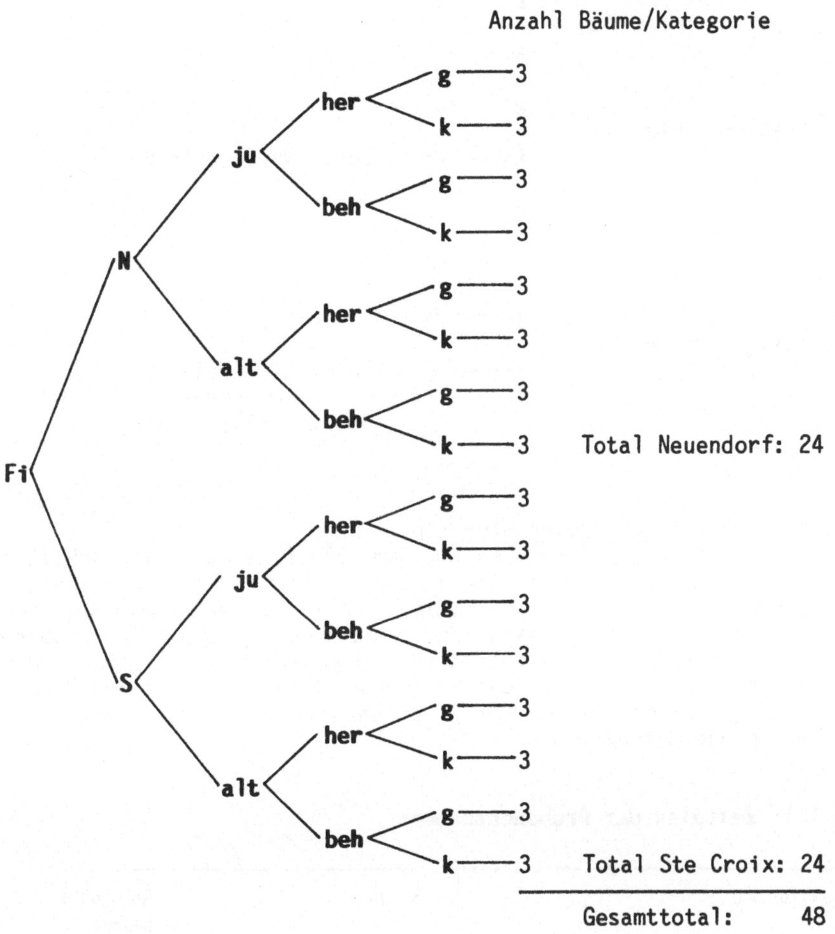

Die holzkundlichen Untersuchungen (Splintholzmerkmale, Tracheidenlänge,
Zellwandanteil) wurden an sämtlichen 48 Bäumen durchgeführt. Der Umfang
der holztechnologischen Untersuchungen wurde hingegen aus Kapazitäts-
gründen auf 16 Bäume reduziert.

18

Bild 1.3 zeigt die kategorienweise Aufteilung der Versuchsbäume für die holztechnologischen Untersuchungen (Dauerhaftigkeit, Durchlässigkeit, Verleimbarkeit).

Bild 1.3: Aufteilung der Versuchsbäume für holztechnologische Untersuchungen nach Kategorien (Schema)

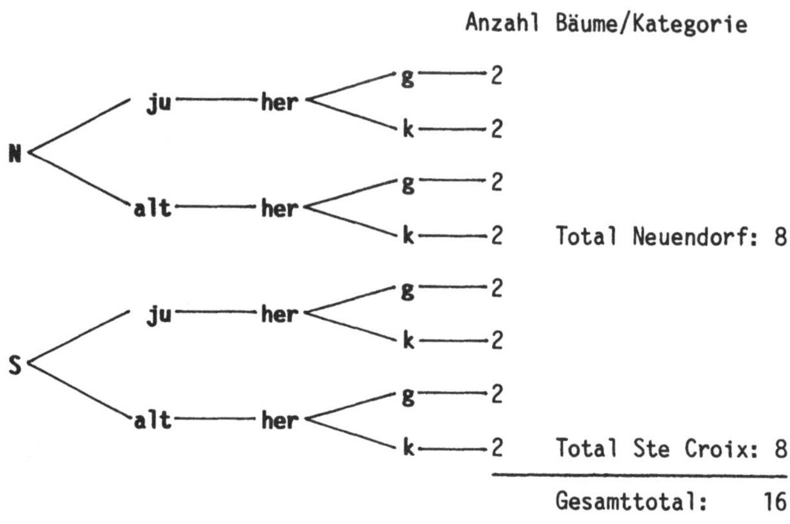

2. Zeitlicher Ablauf der Probenentnahmen

Der Erhaltungszustand der Proben spielt namentlich bei den Eigenschaften wie Splintholzmerkmale oder axiale Durchlässigkeit für Flüssigkeiten eine ausschlaggebende Rolle. Um Engpässe bei der Konservierung und Verarbeitung des Probenmaterials zu vermeiden, wurden die Probenentnahmen nach einem gestaffelten Zeitplan angesetzt. Der Zeitpunkt der Probenentnahme steht mit dem zu untersuchenden Wasserhaushalt des Baumes im Zusammenhang. Daher wurden die Probenentnahmen in einer möglichst knappen Zeitspanne durchgeführt.

Tabelle 1.1: Zeitplan der Probenentnahmen

Nr.	Zeitpunkt	Standort	Anzahl Bäume
1	12. – 13. August 1986	Neuendorf	8
2	19. – 20. " "	"	8
3	2. – 3. September "	Ste Croix/Baulmes	8
4	16. – 17. " "	" "	8
5	14. – 15. Oktober "	Neuendorf	9
6	28. – 29. " "	Ste Croix/Baulmes	8

3. Lage und Dimension des Probenmaterials im Baum

Die Nordseite der Stammoberfläche wurde vor der Fällung bezeichnet und am liegenden Stamm durchgehend markiert. Den gefällten Bäumen wurde das Probenmaterial nach dem im Bild 1.4 dargestellten Schema entnommen.

Bild 1.4: Lage, Dimension und Zuweisung des Probenmaterials aus den Versuchsbäumen (Schema)

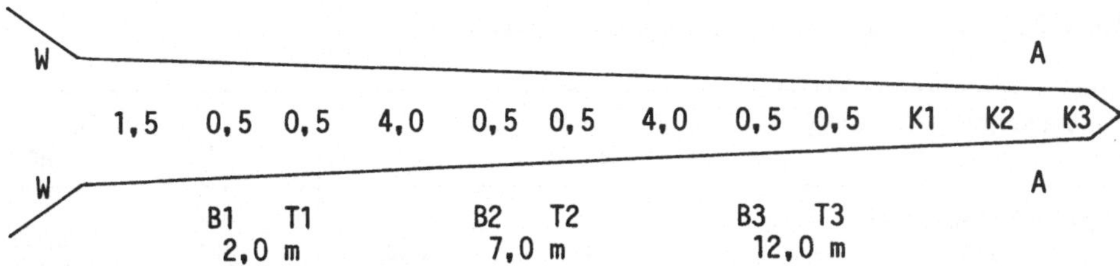

B 1-3:   Stammabschnitte für die holzkundlichen Untersuchungen von 0,5 m Länge.

T 1-3:   Stammabschnitte für die holztechnologischen Untersuchungen von 0,5 m Länge.

K 1-3:   Abschnitte von der Basis, der Mitte und dem Gipfel der Krone von 10-30 cm Länge, bestimmt für NMR-Untersuchungen der Splintholzmerkmale.

A: Astabschnitte von 0,5 m Länge, abgesägt unmittelbar an der Ansatzstelle. Dabei wurde jede Baumkrone in 4 Etagen eingeteilt, und jeder Etage 3 Aeste entnommen (= total 12 Aeste/Baum). Dieses Material war ebenfalls für die NMR-Untersuchungen der Splintholzmerkmale bestimmt, wurde aber zudem im Rahmen einer Diplomarbeit (JACOBI 1987) hinsichtlich Verharzung der Leitbahnen zusätzlich untersucht.

W: Wurzelabschnitte von 20-30 cm Länge, etwa 1-3 m vom Baumstock entfernt, möglichst aus verschiedenen Himmelsrichtungen, 4Stk./Baum. Auch dieses Material wurde für die NMR-Untersuchungen der Splintholzmerkmale bestimmt.

4. Zuteilung des Stammaterials für die einzelnen Untersuchungen

Aus den Stammabschnitten wurde das Material für die einzelnen Untersuchungen nach folgendem Schema zugewiesen:

Tabelle 1.2: Zuteilung der Stammabschnitte

Untersuchung	Vertikale Position des Abschnittes im Baum		
	2 m	7 m	12 m
Splintholzmerkmale	+	+	+
Tracheidenlänge	+		+
Zellwandanteil		+	
Dauerhaftigkeit			+
Durchlässigkeit		+	
Verleimbarkeit	+		

Dieser Zuweisungsmodus wurde wesentlich durch die Dimensionen und Anzahl von Probekörpern für die einzelnen Untersuchungen bedingt.

5. Gesamtumfang der Messungen

Die beschriebene Versuchsplanung führte zu einer Fülle von Messungen, die in einer Vielzahl von Rohdaten resultierten. Tabelle 1.3 gibt darüber einen Ueberblick, wobei die Messungen und Rohdaten nach den Teiluntersuchungen und der Erhebungsart gegliedert sind.

Tabelle 1.3: Anzahl von Messungen und Rohdaten

Untersuchung/Datentyp	Messung		Ergebnis	
	M	HA	M	HA
Splintholzmerkmale				
visuell	294	294	294	2646
Darrtrocknung	11025		3675	
VITAMAT		9555		9555
NMR	440	5760		6300
Tracheidenlänge		19600		19600
Zellwandanteil	900	270000	1300	10800
Dauerhaftigkeit	16657	4373		4842
Durchlässigkeit	1280	1280	640	640
Verleimbarkeit	840	420	840	420
Jahrringbreite	13163		13163	
TOTAL	44599	311282	19912	54803

M = manuell
HA = halbautomatisch/automatisch

6. Auswertungsmethoden

Bei der Auswertung des oben aufgeführten Zahlenmaterials wurde grösstenteils auf die Methoden der parametrischen Statistik, wie sie in den Werken von WEBER (1972) und SACHS (1974) beschrieben sind, zurückgegriffen. Obschon der normale Charakter der Grundgesamtheiten der hier untersuchten Holzeigenschaften in den meisten Fällen durch frühere Untersuchungen erwiesen wurde, haben wir diese Voraussetzung in einigen Fällen überprüft. Von den statistischen Methoden gelangten folgende zur Anwendung:
  - Berechnung der Stichproben-Parameter
  - t- und F-Test kombiniert
  - Korrelations- und Regressionsanalyse
  - Chiquadrat-Test

Die statistisch gesicherten Ergebnisse wurden nach einem festen Schema dargestellt, um dem Leser den Einblick in die Sachverhalte zu erleichtern. Es wurden hierzu 4 Tabellen- und 2 Darstellungstypen verwendet.
1. Die Stichproben wurden mittels ihrer Parameter umschrieben (Tabellentyp 1: Statistische Stichproben-Parameter) und/oder als Häufigkeitsverteilung dargestellt (Darstellungstyp 1).
2. Die Unterschiede zwischen Stichproben hinsichtlich Mittelwert und Streuung wurden im Tabellentyp 2 (Vergleich von Stichproben) dargestellt.

3. <u>Korrelationen</u> und <u>Regressionen</u> wurden im Tabellentyp 3 (Zusammenhang
   zwischen Stichproben) und/oder im Darstellungstyp 2 (Regressionslinien mit Punktescharen) dargestellt. Die Regressionslinien folgen
   diesen Formeln:

linear	$y = a + bx$
logarithmisch	$y = a + b\ln(x)$
exponentiell	$y = a^{bx}$
polynomial	$y = a + bx + cx^2$

4. Besonders umfangreiche Datenfelder (Baumcharakteristiken, Serien von
   Mittelwerten, Serien von Korrelationskoeffizienten) wurden in einem
   variablen Tabellentypus 4 dargestellt, den wir als <u>Uebersicht</u> bezeichnet haben.

Die Einheiten der Messwerte sind im Kapitel "Material und Methoden" sowie in den Tabellen mit den Rohdaten aufgeführt. Die Aufgabe der
vorliegenden Untersuchung war es, Aussagen über die Holzeigenschaften im
ganzen Holzkörper verschieden vitaler Fichten zu erarbeiten. Dieses Ziel
wurde mittels einer topologisch definierten Probenentnahme (verschiedene
vertikale und radiale Positionen im Baumkörper) angestrebt. In jeder
Position wurden Wiederholungen nach der Massgabe der Variabilität des
Merkmals durchgeführt. Die Stichproben aus verschiedenen Baumhöhen oder
unterschiedlichen Positionen am Baumradius wurden ihrer biologischen
Verschiedenheit wegen (Unterschiede im Kambium- und Baumalter, oder in
den Umweltbedingungen bei der Holzbildung) als voneinander unabhängig
betrachtet. Die statistischen Untersuchungen wurden daher an Mittelwerten aus den verschiedenen Positionen durchgeführt. Ein Zusammenfassen
der Stichproben oder ihrer Mittelwerte wäre aus biologischer Sicht nicht
vertretbar gewesen. Es ist zu bedenken, dass viele Holzmerkmale sich mit
dem Kambiumalter oder der Baumhöhe nicht linear ändern (z.B. hängt die
Tracheidenlänge etwa mit dem Logarithmus des Kambiumalters zusammen),
wobei die genauen Funktionen zahlenmässig nicht bekannt sind. Eine Berechnung eines arithmetischen Mittelwertes pro Baum hätte daher mit
Sicherheit zu falschen Ergebnissen geführt. Eine weitere Schwierigkeit
solcher "Baum-Mittelwerte" wäre in der Gewichtung beim Ausfall einzelner
Messpositionen (z.B. als Folge von Pilzbefall) gewesen.

Durch diesen Auswertungsmodus wurden jedem untersuchten Baum ein oder
mehrere Mittelwerte eines Merkmals nach folgendem Schema zugeordnet:
- Splintholzmerkmale: 3 Werte (vertikale Positionen 2 m, 7 m und 12 m)
- Tracheidenlänge: 4 Werte (vertikale Positionen 2 m und 12 m; ra-
                              diale Positionen innen und aussen)
- Zellwandanteil: 2 Werte (radiale Positionen innen und aussen)
- Dauerhaftigkeit: 2 Werte (radiale Positionen innen und aussen)
- Durchlässigkeit: 1 Wert (radiale Position aussen)
- Verleimbarkeit: 1 Wert (radiale Position innen)

7. Anmerkungen über Schwierigkeiten

Die obige Versuchsplanung konnte grösstenteils erfolgreich umgesetzt
werden. Es hat aber auch Schwierigkeiten und Rückschläge gegeben (z.B.
ungenügende Charakterisierung des Baumes FIN 19 und daher als Zusatz FIN
34; fehlende Ast- und Wurzelproben; zu wenig Kenntnisse über den Einfluss des Zeitpunktes der Probenentnahme auf die Splintholzmerkmale;
kapazitätsbedingte Probleme bei den NMR-Untersuchungen; grosse Variabilität bei der Untersuchung der Dauerhaftigkeit der Holzproben; lage-
rungsbedingte Probleme bei der Messung der Durchlässigkeit, usw.). Auf
diese Probleme wird jeweils im direkten Zusammenhang kapitelweise eingegangen.

Eine grundsätzliche Schwierigkeit, die sich in vielen bisherigen Untersuchungen zeigte, lag in der Anwendung genormter Methoden. Solche Methoden bestehen für die meisten Holzeigenschaften und haben eine nationale (SIA, DIN, ASTM) oder übernationale (EN) Gültigkeit. Viele der bisherigen Untersuchungen wurden nach den entsprechenden DIN-Normen ausgeführt, welche häufig die Probengrösse (z.B. Mindestmasse) regeln. Da aber in den geschädigten Bäumen sich oft sehr schmale Jahrringe bilden, wurden durch die Anwendung dieser Vorschriften Proben erzeugt, in denen verschiedene Jahrringbreiten - und damit möglicherweise verschiedene Holzqualitäten - vertreten waren. Dies aber muss nachteilige Auswirkungen auf die Trennschärfe der Ergebnisse gehabt haben. Wir haben uns in unseren Untersuchungen soweit als möglich bemüht, die verwendeten Methoden der Fragestellung anzupassen. Dies bedeutete die Entwicklung neuer Methoden (Gewebeanalyse, Durchlässigkeitsprüfungen) oder die Verwendung angepasster Probengrössen (Dauerhaftigkeit, Verleimbarkeit).

1.4 Symbole und Abkürzungen (alphabetisch geordnet)

a, A	= aussen
A	= Astbereich
alt	= alt
B	= Bestimmtheitsmass (%)
B	= holzkundliche Untersuchungen
beh	= beherrscht
BHD	= Brusthöhendurchmesser (in cm)
BP	= Bildpunkt
exp.	= exponentielle Regression
Fi	= Fichte
FIN	= Fichte, Standort Neuendorf
FIS	= Fichte, Standort Ste Croix
g	= gesund
her	= herrschend
i, I	= innen
I_{MK}	= mittlere korrigierte Signaldichte
I_{MU}	= mittlere unkorrigierte Signaldichte
JR	= Jahrring
ju	= jung
k	= krank
K	= Kronenbereich
kum.	= kumulativ (Werttypus)
lin.	= lineare Regression, linear (Werttypus)
log.	= logarithmische Regression
N	= Neuendorf, Nord, Anzahl Messungen
NdV	= Nadelverlust (in %)
NMR	= Nuclear Magnetic Resonance
O	= Ost
poly.	= polynomiale Regression
P	= Wahrscheinlichkeit (%)
r	= Korrelationskoeffizient
rel.	= relativ (Werttypus)
S	= Ste Croix, Süd, Siemens
Sig.	= Signifikanz
T	= technologische Untersuchungen
Typ	= Regressionstyp
vis.	= visuelle Beurteilung
VG	= Vertrauensgrenze
VS	= Verstärker-Stufe
W	= West, Wurzelbereich

In der nachfolgenden Berichterstattung (besonders auch in den Tabellen) wird der Ausdruck **Merkmal** für die Bezeichnung der untersuchten Eigenschaften (z.B. Nadelverlust, Tracheidenlänge, usw.), das Wort **Parameter** hingegen für die verschiedenen statistischen Kennwerte (z.B. Mittelwert, Anzahl Messungen, Tabellenwert F, usw.) verwendet.

1.5 Bisherige Waldschadensforschung

Mit dem Begriff "Waldsterben" (engl. forest decline, forest dieback) wird nach gegenwärtigem Stand der Kenntnisse eine allgemeine, umfassende und rasche Verschlechterung des Gesundheitszustandes des Oekosystems Wald bezeichnet, welche seit der Mitte der 70er Jahre die ost- und mitteleuropäischen Wälder zunehmend kennzeichnet.

Als indirekte Vorgänger des Waldsterbens werden einerseits die klassischen direkten Rauchschäden, andererseits die vermutlich oekologisch bedingte Abnahme des Verbreitungsareals einzelner Holzarten angesehen. Die schädliche Wirkung von Abgasen der Kohleverbrennung wurde seit der ersten Feststellung im Jahre 1341 (ANONYM 1983) an zahllosen Beispielen belegt. In die Kategorie der direkten Rauchschäden gehören auch die Auswirkungen des sog. "Smog", wie sie aus Los Angeles und Umgebung bekannt sind. Der geographische Rückzug einzelner Baumarten ist beispielsweise für die Eibe und die Weisstanne (Tannensterben) seit ungefähr 3 Jahrhunderten bekannt. Wesentlich ist es festzuhalten, dass das Waldsterben sich von diesen beiden Phänomenen hinsichtlich Art, Ausmass und Auswirkungen unterscheidet.

Das Waldsterben wurde in der Schweiz im Frühherbst 1983 – im Vorfeld der damaligen Parlamentswahlen – öffentlich wahrgenommen. In unserem Fachbereich wurden jedoch erste Untersuchungen bereits im Jahr 1981 durchgeführt. Das Thema Waldsterben ist zu einem eigentlichen Schwerpunkt in unserer Forschungsarbeit geworden. Es wurden in den vergangenen Jahren 7 Diplomarbeiten und mehrere Forschungsprojekte durchgeführt. Diese Ergebnisse wurden teilweise in den Arbeiten BOSSHARD et al. (1986) und KUČERA (1986) veröffentlicht. Für die Jahre 1988 – 1990 sehen wir Untersuchungen an den Laubholzarten (Buche, Eiche, Esche) und der Lärche vor.

Die Untersuchungen auf dem Gebiet des Waldsterbens wurden in den letzten Jahren mancherorts intensiviert, was sich in einer wahren Flut von Veröffentlichungen niederschlug. Dabei konnten von Anfang an drei Hauptgebiete ausgemacht werden, nämlich Ursachen, Ausmass und Auswirkungen der Waldschäden. Die vorläufigen Erkenntnisse und Hypothesen über die Ursachen und Wirkungswege beim Waldsterben wurden von AEGERTER und LEDER (1984) zusammengestellt. Das Ausmass der Erkrankungen, aufgegliedert nach Baumarten und Landesregionen, wird in der Schweiz in alljährlichen Bestandesaufnahmen der Programmes SANASILVA veröffentlicht. SCHOTT et al. (1983) präsentierten eine übersichtliche Gesamtschau der vorliegenden Ergebnisse über die Auswirkungen der Baumschäden mit Schwergewicht auf die Schadbilder und den Krankheitsverlauf bei den wichtigsten mitteleuropäischen Baumarten. Unsere Bestrebungen, das gesamte Spektrum zu erfassen, haben sich als undurchführbar erwiesen. Immerhin besteht unsere spezialisierte Literatursammlung, welche auf dem Gebiet der holzkundlichen und holztechnologischen Auswirkungen recht vollständig ist, derzeit aus rund 450 Schriftstücken.

Auf die Ergebnisse der Untersuchungen hinsichtlich des Einflusses der Waldschäden auf die Holzeigenschaften und Holzverwendung kann hier auch ansatzweise nicht eingegangen werden. Immerhin sollte tendenziell erwähnt werden, dass rund 90% der veröffentlichten Arbeiten sich mit den Nadelhölzern (und hier besonders mit der Fichte und Tanne) befassen, und dass die Jahrringbreite sowie die Festigkeitseigenschaften am häufigsten untersucht worden sind. Einzelne Ergebnisse werden in direktem Zusammenhang mit unseren Resultaten gewürdigt. Im übrigen sei auf einige Uebersichtsartikel (BAUCH und FROHWALD 1983, SCHULZ 1984, KUČERA 1984, BAUCH 1986) verwiesen.

26

2. MATERIAL

2.1 Charakteristik der Standorte und Bestände

Neuendorf:

Die 25 Fichten (FIN 10 - FIN 34) stammen aus den Waldungen südlich der Ortschaft Neuendorf, mit geologischem Untergrund aus Niederterrassenschotter, Hochterrassenschotter und Moränen der grössten Vergletscherung. Pflanzensoziologisch gehört die Waldgesellschaft dem Waldmeister - Buchenwald mit Rippenfarn (Galio odorati - Fagetum blechnetosum) an. Ertragskundlich leistet dieser Standort für Fichte eine Oberhöhe Hdom 50 von ca. 26 m, mit leicht tieferen Werten für die Niederterrassenschotterböden. Auf Hochterrassenschottern und Moränen sind FIN 12,18,23,24, 26,27,31,32 und 33 gewachsen.
Höhenlage: von 430 m bis 490 m ü.M.

Ste Croix/
Baulmes:

Die 24 Fichten wurden aus den höheren Lagen der Bestände der Gemeinden Baulmes (FIS 50 - FIS 66) und Ste Croix (FIS 70 - FIS 76) im Jura entnommen, auf Höhen zwischen 1050 m und 1310 m ü.M. Die entsprechende Waldgesellschaft ist hier der typische Tannen-Buchenwald (Abieti-Fagetum typicum). Diese Bestände sind ertragskundlich erfasst worden mittels pflanzensoziologischer Aufnahmen und dendrologischer Zuwachsanalysen. Dies führte zur Unterscheidung von Standorten mit mittlerer Bonität (Hdom 50 = 16-18 m) auf Kimmeridge-Kalk-Untergrund gegenüber Standorten mit guter Bonität (Hdom 50 = 18-22 m) auf Portlandien und Sequan-Kalk-Untergrund, sowie auf gemischten glazialen Schottern. Zur ersten Gruppe gehören die Probenbäume FIS 51,54,57,58, 61,70-76.

2.2 Beschreibung der Versuchsbäume

Angaben über die Versuchsbäume und allgemeine Daten zum Probenmaterial sind in den Tabellen 2.1 und 2.2 zusammengestellt.

Der Nadelverlust variierte zwischen 0% und 65%, der Brusthöhendurchmesser zwischen 17 cm und 73 cm und das Alter der Versuchsbäume zwischen 44 und 214 Jahren. Mehr als zwei Drittel der Fichten wiesen auf beiden Standorten (Neuendorf 68%, Ste Croix 71%) Fäulnis auf Stockhöhe auf. Eine Ueberprüfung des Zusammenhanges zwischen dem Nadelverlust (%) und der Fäulnis auf Stockhöhe (%) ergab bei einem Wahrscheinlichkeitsniveau von P = 95% ein negatives Ergebnis (Tabelle 2.6). Die Baumhöhen erreichten Werte zwischen 7 m und 41 m und die Kronenlängen variierten zwischen 26% und 81% der Baumhöhe. Die Tabellen 2.1 und 2.2 belegen ferner einige Schwierigkeiten der Probenentnahmen. So musste zusätzlich zur Fichte FIN 19 ein weiterer Baum (FIN 34) geschlagen werden, da bei der ersten Probenentnahme einige Daten zum Baum FIN 19 nicht erhoben wurden. Ferner ist es wiederholt nicht gelungen, sämtliche vorgesehenen Kronen-, Ast- und Wurzelproben zu gewinnen. Oftmals waren die Kronen durch Brüche stark beschädigt und bei einigen Fichten konnten nur noch 2 oder 3 anstatt der vorgesehenen 4 Wurzelproben gesammelt werden, weil das übrige Wurzelwerk völlig verfault war. Die Position der Proben aus dem Kronenbereich (K1 - K3) wurde stets so festgelegt, dass Astquirle gemieden werden konnten, was eine gewisse Unregelmässigkeit mit sich brachte. Die Homogenität der Verteilung der wichtigsten Stichproben-Merkmale wurde statistisch überprüft (vgl. Tabellen 2.3 und 2.4). Folgende Vergleiche ergaben keine signifikanten Unterschiede bei den Versuchsbäumen:
 - die soziologische Stellung an beiden Standorten,
 - der Nadelverlust an beiden Standorten,
 - der Nadelverlust zwischen Gruppen geordnet nach soziol. Stellung,
 - das Baumalter zwischen Gruppen geordnet nach soziol. Stellung und
 - das Baumalter zwischen Gruppen geordnet nach Gesundheitszustand.
Hingegen lag das mittlere Baumalter der Versuchsbäume und seine Streuung bei den Fichten von Ste Croix signifikant höher als bei den Fichten aus Neuendorf.

Die Ergebnisse der obigen Vergleiche zeigen, inwieweit es uns gelungen ist, die Versuchsplanung in die Tat umzusetzen. Unsere Planung war hinsichtlich Versuchsmaterial eine gezielt symmetrische (vgl. Bilder 1.2 und 1.3). Eine solche Versuchsanlage ist besonders gut geeignet, um möglichst viele statistisch gesicherte Erkenntnisse aus den geplanten Untersuchungen gewinnen zu können. Hingegen sind die Zusammensetzung unserer Stichproben und somit die Ergebnisse der obigen Vergleiche auf die untersuchten Standorte nicht übertragbar.

Tabelle 2.1a: ALLGEMEINE ANGABEN UEBER DIE VERSUCHSBAEUME

Standort Neuendorf SO

Nr.	Be-zeich-nung	Entnahme-nummer *	Soziolog. Stellung	Nadel-verlust	Brust-höhen-durchm.	Alter auf Stockhöhe	Fäulnis auf Stockhöhe
		1 - 6	her/beh[**]	%	cm	Jahre	%[***]
1	FIN 10	5	her	0	32	44	10
2	FIN 11	5	her	0	36	57	
3	FIN 12	2	her	5	39	83	10
4	FIN 13	5	her	30	38	61	60
5	FIN 14	5	her	35	32	83	40
6	FIN 15	2	her	40	55	96	
7	FIN 16	1	beh	5	13	43	
8	FIN 17	1	beh	0	17	55	10
9	FIN 18	2	beh	5	29	110	10
10	FIN 19	1	beh	15	14	50	40
11	FIN 20	2	beh	30	27	52	10
12	FIN 21	2	beh	65	34	89	40
13	FIN 22	1	her	0	53	100	
14	FIN 23	5	her	10	65	125	10
15	FIN 24	5	her	10	70	156	10
16	FIN 25	1	her	35	47	105	15
17	FIN 26	5	her	45	47	121	10
18	FIN 27	5	her	35	45	156	
19	FIN 28	1	beh	5	35	112	15
20	FIN 29	1	beh	10	34	100	
21	FIN 30	1	beh	5	27	119	15
22	FIN 31	2	beh	30	36	108	
23	FIN 32	2	beh	35	36	112	
24	FIN 33	2	beh	30	44	139	30
25	FIN 34	5	beh	25	34	111	30

* Die Entnahmenummern entsprechen den folgenden
Daten: **1** = 12.-13.8.86   **4** = 16.-17.09.86
       2 = 19.-20.8.86   **5** = 14.-15.10.86
       3 = 2.- 3.9.86   **6** = 28.-29.10.86

** herrschend/beherrscht

*** Das Ausmass der Fäulnis wird in Prozent der
Fläche angegeben.

Tabelle 2.1b: ALLGEMEINE ANGABEN UEBER DIE VERSUCHSBAEUME

Standort Ste Croix / Baulmes VD

Nr.	Be-zeich-nung	Entnahme-nummer *	Soziolog. Stellung	Nadel-verlust	Brust-höhen-durchm.	Alter auf Stockhöhe	Fäulnis auf
		1 – 6	her/beh[**]	%	cm	Jahre	%[***]
26	FIS 50	6	her	5	48	80	10
27	FIS 51	6	her	5	53	108	10
28	FIS 52	6	her	55	39	78	60
29	FIS 53	6	her	45	35	81	60
30	FIS 54	4	her	60	43	85	
31	FIS 55	4	beh	5	33	79	40
32	FIS 56	4	beh	10	25	78	60
33	FIS 57	4	beh	5	20	87	
34	FIS 58	4	beh	65	15	74	
35	FIS 59	3	beh	30	19	83	
36	FIS 60	3	beh	45	34	73	95
37	FIS 61	3	her	10	59	146	10
38	FIS 62	6	her	10	53	166	40
39	FIS 63	6	her	10	59	182	10
40	FIS 64	4	her	60	73	214	5
41	FIS 65	4	beh	10	30	160	5
42	FIS 66	4	beh	10	38	158	40
43	FIS 70	3	her	10	40	137	
44	FIS 71	6	her	50	48	153	
45	FIS 72	6	her	55	57	158	10
46	FIS 73	3	beh	5	31	187	30
47	FIS 74	3	beh	50	30	220	
48	FIS 75	3	beh	20	22	97	60
49	FIS 76	3	beh	40	26	130	10

*   Die Entnahmenummern entsprechen den folgenden
Daten: **1** = 12.–13.8.86   **4** = 16.–17.09.86
             2 = 19.–20.8.86   **5** = 14.–15.10.86
             3 = 2.– 3.9.86   **6** = 28.–29.10.86

** herrschend/beherrscht

*** Das Ausmass der Fäulnis wird in Prozent der
Fläche angegeben.

Tabelle 2.2a: ALLGEMEINE ANGABEN UND DATEN ZUM PROBENMATERIAL

Standort Neuendorf SO

Nr.	Be-zeich-nung	Baum-höhe	Kronen-ansatz	Probenlage im Stamm m *						Aeste	Wurzeln	Technol. unter-sucht
		m	m	02	07	12	K1	K2	K3	Anz.	Anzahl	T
1	FIN 10	28	13	+	+	+	−	18	24	12	4	T
2	FIN 11	28	12	+	+	+	16	20	25	12	4	T
3	FIN 12	35	20	+	+	+	22	27	31	12	3	
4	FIN 13	29	14	+	+	+	16	20	25	12	4	T
5	FIN 14	31	16	+	+	+	16	22	28	12	4	
6	FIN 15	34	13	+	+	+	17	22	32	12	4	
7	FIN 16	20	12	+	+	+	−	−	15	10	4	
8	FIN 17	20	10	+	+	+	−	−	16	11	3	
9	FIN 18	32	22	+	+	+	22	25	27	12	5	
10	FIN 19	18	10	+	+	+	−	−	14	11	3	T
11	FIN 20	24	7	+	+	+	15	17	19	12	4	
12	FIN 21	28	20	+	+	+	19	22	24	12	3	
13	FIN 22	39	22	+	+	+	22	28	37	11	4	
14	FIN 23	28	11	+	+	+	21	27	35	12	4	T
15	FIN 24	41	16	+	+	+	22	32	39	12	4	T
16	FIN 25	33	16	+	+	+	17	22	30	11	3	
17	FIN 26	38	20	+	+	+	22	27	34	12	4	T
18	FIN 27	37	24	+	+	+	23	28	34	11	4	T
19	FIN 28	32	22	+	+	+	−	22	28	10	4	
20	FIN 29	32	18	+	+	+	−	21	26	7	4	
21	FIN 30	31	15	+	+	+	16	22	26	10	4	
22	FIN 31	33	21	+	+	+	22	26	29	11	3	
23	FIN 32	33	20	+	+	+	22	27	29	12	4	
24	FIN 33	36	24	+	+	+	25	28	31	12	2	
25	FIN 34	31	23	+	+	+	22	24	27	12	4	

* Zur Probenlage:

02/07/12m	sind fixe Entnahmestellen.
K1/K2/K3	sind gleichmässig verteilte Stellen im Kronenbereich.

Tabelle 2.2b: ALLGEMEINE ANGABEN UND DATEN ZUM PROBEMATERIAL

Standort Ste Croix/Baulmes VD

Nr.	Be-zeich-nung	Baum-höhe	Kronen-ansatz	Probenlage im Stamm m *						Aeste	Wurzeln	Technol. unter-sucht
		m	m	02	07	12	K1	K2	K3	Anz.	Anzahl	T
26	FIS 50	30	14	+	+	+	16	21	28	12	4	T
27	FIS 51	30	16	+	+	+	16	21	26	12	4	T
28	FIS 52	33	19	+	+	+	16	21	28	12	3	T
29	FIS 53	30	17	+	+	+	16	21	26	12	4	T
30	FIS 54	28	13	+	+	+	17	20	24	12	4	
31	FIS 55	27	17	+	+	+	17	20	22	12	4	
32	FIS 56	24	16	+	+	+	14	16	18	12	4	
33	FIS 57	16	10	+	+	+	–	–	13	12	4	
34	FIS 58	19	14	+	+	+	–	–	14	9	4	
35	FIS 59	23	15	+	+	+	–	–	16	12	5	
36	FIS 60	25	12	+	+	+	14	17	21	12	3	
37	FIS 61	33	10	+	+	+	17	22	29	12	4	
38	FIS 62	36	13	+	+	+	21	27	34	12	4	T
39	FIS 63	36	7	+	+	+	22	27	32	12	3	T
40	FIS 64	41	16	+	+	+	22	33	38	12	3	
41	FIS 65	30	11	+	+	+	17	22	26	12	4	
42	FIS 66	31	11	+	+	+	17	22	27	12	4	
43	FIS 70	29	7	+	+	+	16	21	24	12	4	
44	FIS 71	31	9	+	+	+	17	22	28	12	3	T
45	FIS 72	32	9	+	+	+	17	22	29	12	3	T
45	FIS 73	23	10	+	+	+	14	16	19	12	4	
46	FIS 74	25	9	+	+	+	14	16	20	12	4	
47	FIS 75	19	8	+	+	+	–	–	14	12	3	
48	FIS 76	23	11	+	+	+	14	16	18	12	4	

* Zur Probenlage:

02/07/12 m	sind fixe Entnahmestellen.
K1/K2/K3	sind gleichmässig verteilte Stellen im Kronenbereich.

Tabelle 2.3: Vergleich einiger Stichproben-Merkmale der Versuchsbäume

Parameter/Vergleich	Soziol.Stellung N/S	Nadelverlust N/S	Nadelverlust her/beh
Tabellenwert F	1,86	1,86	1,86
bei P(%)	95	95	95
und FG	23/24	23/24	23/24
Testwert F	1,00	1,66	1,24
Signifikanz	–	–	–
Tabellenwert t	2,01	2,01	2,01
bei P(%)	95	95	95
und FG	47	47	47
Testwert t	0,14	1,25	0,57
Signifikanz	–	–	–

Tabelle 2.4: Vergleich des Baumalters in verschiedenen Stichproben

Parameter/Vergleich	Standorte N/S	Soziol.Stellg. her/beh	Gesundheitszust. g/k
Tabellenwert F	1,86	1,86	1,86
bei P(%)	95	95	95
und FG	23/24	23/24	23/24
Testwert F	2,05	1,03	1,07
Signifikanz	*	–	–
Tabellenwert t	2,02	2,01	2,01
bei P(%)	95	95	95
und FG	41	47	47
Testwert t	2,55	0,85	0,17
Signifikanz	*	–	–

Tabelle 2.5: Tendenz der Jahrringbreitenkurven für die Periode 1970 – 1986 bei den Versuchsbäumen, geordnet nach Gesundheitszustand

Gesundheitszustand	Tendenz	Anzahl	Anteil (%)
gesund	steigend	4	16
	gleichbleibend	18	72
	fallend	3	12
krank	steigend	–	–
	gleichbleibend	4	17
	fallend	20	83

2.3 Jahrringstrukturen

Das Bildungsjahr, das Kambiumalter und die Breite der Jahrringe sind
Angaben, welche sowohl für die Versuchsplanung (Bestimmung der
horizontalen Position der Proben) als auch für die Auswertung der
erzielten Ergebnisse notwendig sind. Es war vorgesehen, diese Angaben
aus dem Projekt I zu übernehmen. Eine Verzögerung in jenem Projekt hat
uns gezwungen, die Auszählung von Jahrringen und die Messung von
Jahrringbreiten selber vorzunehmen. Dabei haben wir uns auf die
Nordradien der Stammabschnitte beschränkt, was immerhin die Erhebung von
13'163 Jahrringbreiten mit sich brachte. Die Messungen erfolgten mit
Hilfe einer Handlupe mit einer Genauigkeit von ± 0,025 mm. Diese Daten
dienten uns als Orientierungs- und Auswertungshilfe.

Die Bilder 2.1 - 2.4 zeigen Beispiele von Jahrringbreitenkurven. Im Bild
2.5 sind alle gemessenen Jahrringbreiten, geordnet nach Bildungsjahr,
zusammengefasst. Bild 2.6 zeigt die dem Bild 2.5 zugrunde liegende
Anzahl gemessener Jahrringe, geordnet nach dem Bildungsjahr resp.
Kambiumalter. Es ist klar, dass die im Bild 2.5 dargestellten mittleren
Jahrringbreiten auf unterschiedlicher Anzahl Messungen je Kurvenbereich
basieren, wobei spätere Bildungsjahre und niedrigere Kambiumalter-Werte
überproportional vertreten sind. Trotz dieses Einwandes und des Fehlens
einer Korrektur der Alterstrends fällt die deutliche Abnahme der
mittleren Jahrringbreiten auf den beiden Standorten seit ca. 1970 auf.
Aehnliche Abnahmen sind um die Jahre 1915 und 1945 festzuhalten.

Um das obige Ergebnis zu überprüfen, wurden alle Jahrringbreitenkurven
hinsichtlich der Tendenz für die Periode 1970 - 1986 (steigend, gleichbleibend, fallend) visuell ausgewertet. Die Ergebnisse dieser Auswertung
sind in der Tabelle 2.5 dargestellt. Sie zeigen, dass bei den gesunden
Bäumen (Nadelverlust 0 - 10%) die Tendenz "gleichbleibend" bei den
kranken Bäumen (Nadelverlust über 10%) hingegen die Tendenz "fallend"
dominiert. Dies bedeutet, dass der aktuelle Kronenzustand bei unseren
Versuchsbäumen auf Unterschiede in der Entwicklung der Bäume in den
letzten 15 Jahren hindeutet. Diese Erkenntnis wurde mathematisch
überprüft, indem die Regressionskoeffizienten b (lineare Regression)
sämtlicher Jahrringbreitenkurven für die Periode 1970 - 1986 berechnet
und mit dem Nadelverlust (%) in Zusammenhang gebracht wurden. Dieser
Zusammenhang (Bild 2.7) hat sich dabei als statistisch hochsignifikant
erwiesen (Tabelle 2.6). Dadurch wurden die Tendenz-Angaben der Tabelle
2.5 und ihre Deutung bestätigt. Die Abnahme der Jahrringbreiten in den
erkrankten Bäumen wurde durch etliche bisherige Untersuchungen für eine
Vielzahl von Baumarten bestätigt. Einen Ueberblick der Literatur findet
man bei BAUCH (1986). Neuere Untersuchungen an einheimischen Standorten
bestätigen die krankheitsbedingte Abnahme der Jahrringbreiten für die
Holzarten Tanne (SCHMID-HAAS et al. 1986) und Fichte (HARTMANN et al.
1987).

Die gemessenen Jahrringbreiten wurden, geordnet nach den Kriterien Standort, Gesundheitszustand und soziologische Stellung, in Klassen von je 0,5 mm eingeteilt. Die ermittelten Häufigkeitsverteilungen sind in den Bildern 2.8 - 2.10 wiedergegeben. Die Unterschiede zwischen den Verteilungspaaren erwiesen sich in allen Fällen als statistisch sehr hoch signifikant (Tabelle 2.7). Die geringeren Jahrringbreiten aus Ste Croix (Bild 2.8) sind teilweise aus dem Alterstrend zu erklären (vgl. Tabelle 2.4: Altersunterschied Neuendorf - Ste Croix). Der Unterschied zwischen den gesunden und kranken Bäumen ist insofern interessant, als die kranken einen höheren Anteil an sehr schmalen wie auch an breiteren Jahrringen im Vergleich mit den gleichmässigen Jahrringbreiten der gesunden Bäume aufweisen (Bild 2.9). Besonders markant und leicht zu interpretieren ist der Unterschied in den Häufigkeitsverteilungen der Jahrringbreiten zwischen den herrschenden und beherrschten Bäumen (Bild 2.10).

Tabelle 2.6: Zusammenhang zwischen dem Nadelverlust und der Fäulnis auf Stockhöhe (A) resp. dem Nadelverlust und dem Regressionskoeffizienten der Jahrringbreitenkurven 1970 - 1986 (B)

Parameter/Zusammenhang	A	B
Korrelationskoeff.	0,20	0,33
Bestimmtheitsmass (%)	4,08	10,86
Tabellenwert t	2,01	3,36
bei P (%)	95	99,9
und FG	47	145
Testwert t	1,41	4,20
Signifikanz	–	***
Regressionstypus	+log.	–lin.
Tabellenwert F	4,05	11,28
bei P (%)	95	99,9
und FG	1/47	1/145
Testwert F	2,00	17,67
Signifikanz	–	***

Tabelle 2.7: Vergleich von Häufigkeitsverteilungen von Jahrringbreiten

Parameter/Vergleich	N/S	g/k	her/beh
Chiquadrat Tabellenwert	32,90	34,50	32,90
bei P (%)	99,9	99,9	99,9
und FG	12	13	12
Chiquadrat berechnet	184,51	84,29	1985,08
Signifikanz	***	***	***

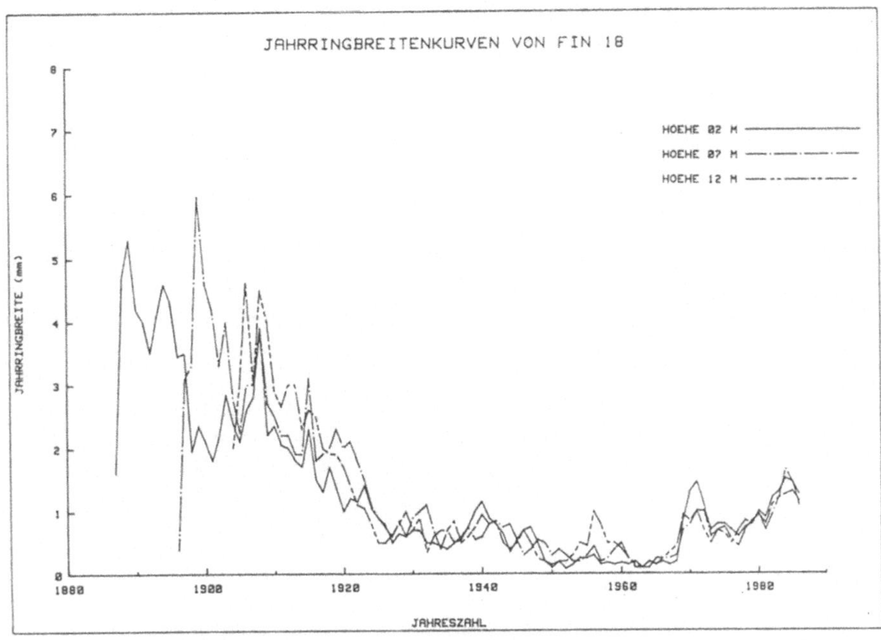

Bild 2.1: Jahrringbreitenkurven aus 2, 7 und 12 m Höhe der Fichte FIN 18 (beherrscht, Nadelverlust 5%, Alter 110 Jahre). Man beachte die deutliche Erholung im letzten Jahrzehnt.

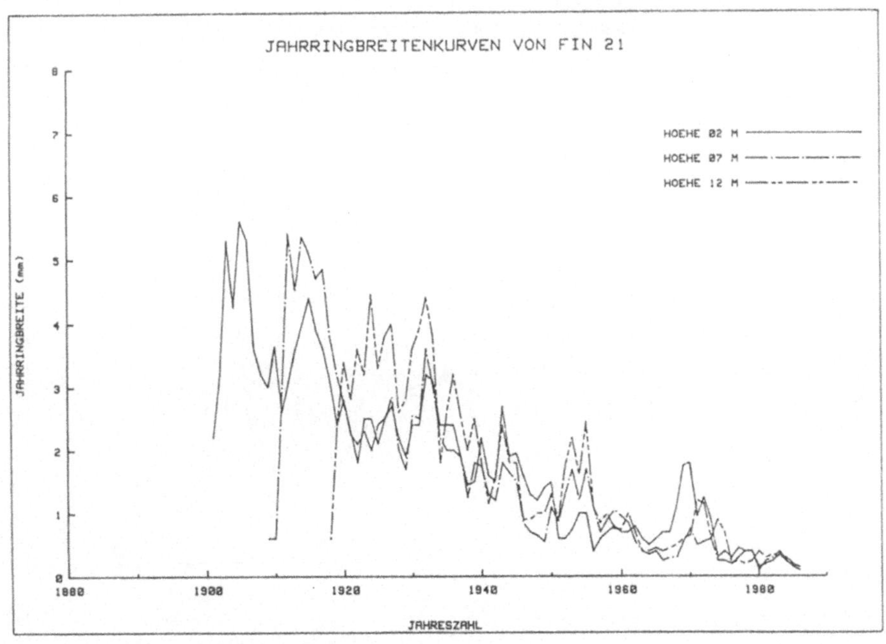

Bild 2.2: Jahrringbreitenkurven aus 2, 7 und 12 m Höhe der Fichte FIN 21 (beherrscht, Nadelverlust 65%, Alter 89 Jahre). Charakteristische kontinuierliche Abnahme der Jahrringbreiten.

36

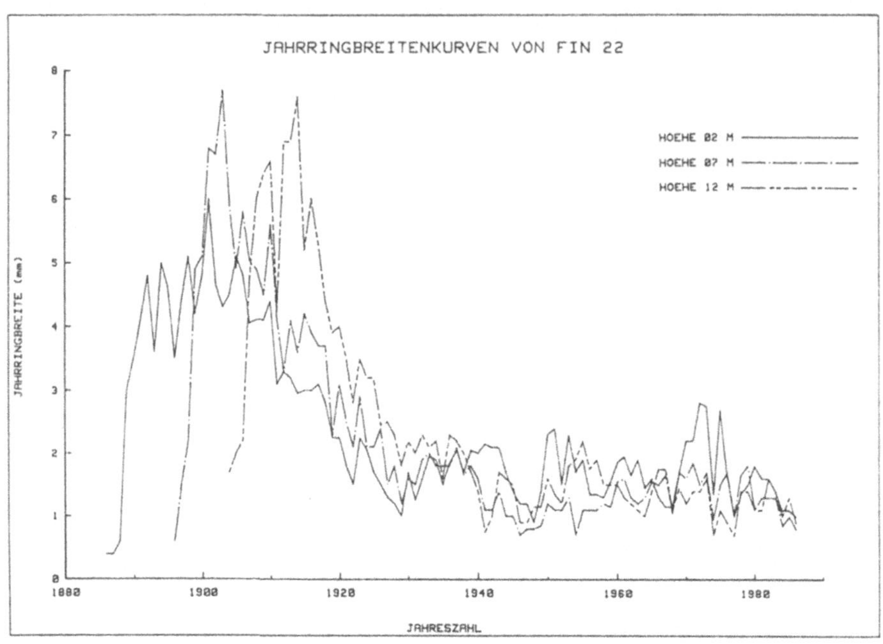

Bild 2.3: Jahrringbreitenkurven aus 2, 7 und 12 m Höhe der Fichte FIN 22 (herrschend, Nadelverlust 0%, Alter 100 Jahre). Gleichmässige Jahrringbreiten in den letzten 50 Jahren.

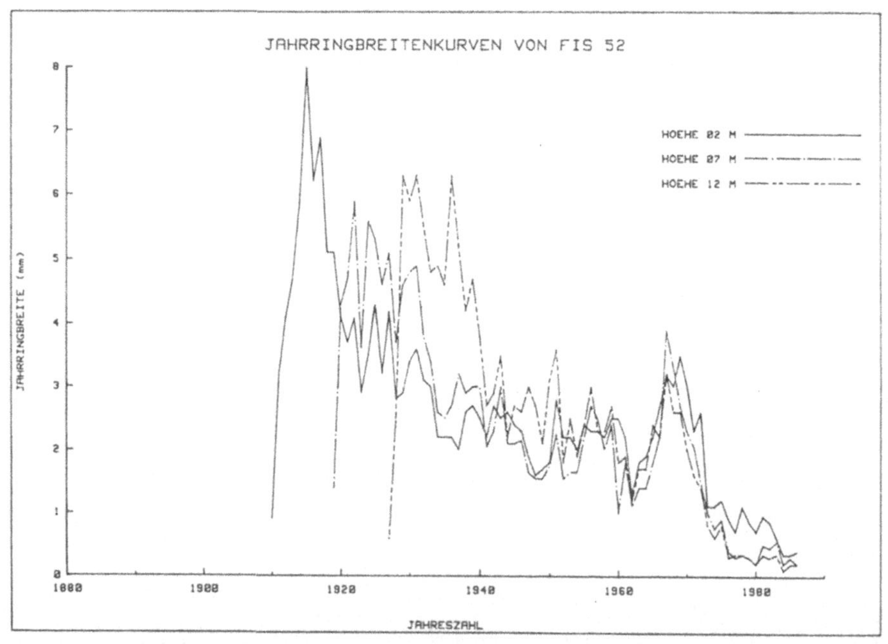

Bild 2.4: Jahrringbreitenkurven aus 2, 7 und 12 m Höhe der Fichte FIS 52 (herrschend, Nadelverlust 55%, Alter 78 Jahre). Man beachte die deutliche Abnahme der Jahrringbreiten seit Mitte der 60er Jahre.

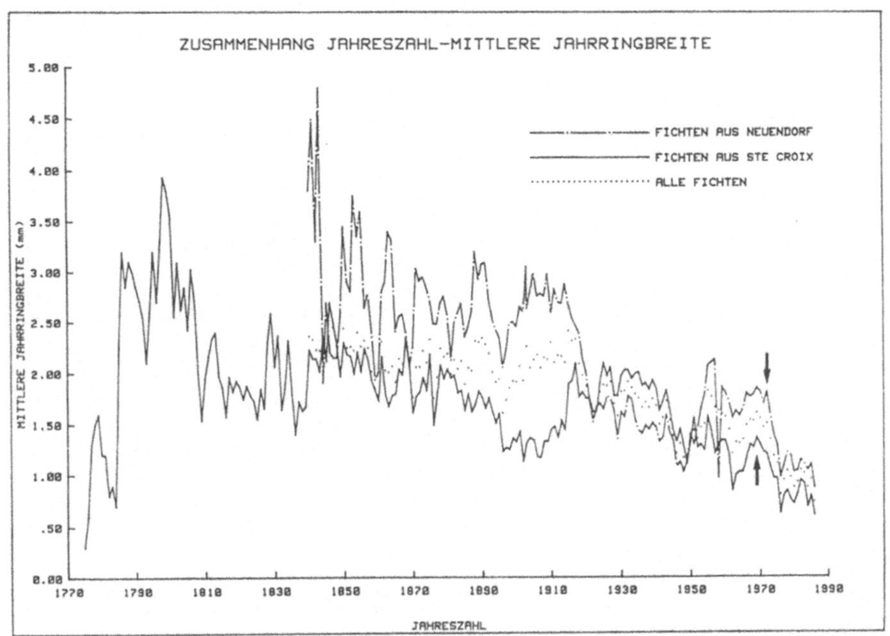

Bild 2.5: Kurven der mittleren Jahrringbreiten der Fichten aus beiden Standorten und ihr Mittelwert (Einzelpunkte). Man beachte die deutliche Abnahme der Jahrringbreiten an beiden Standorten nach 1970 (Pfeil).

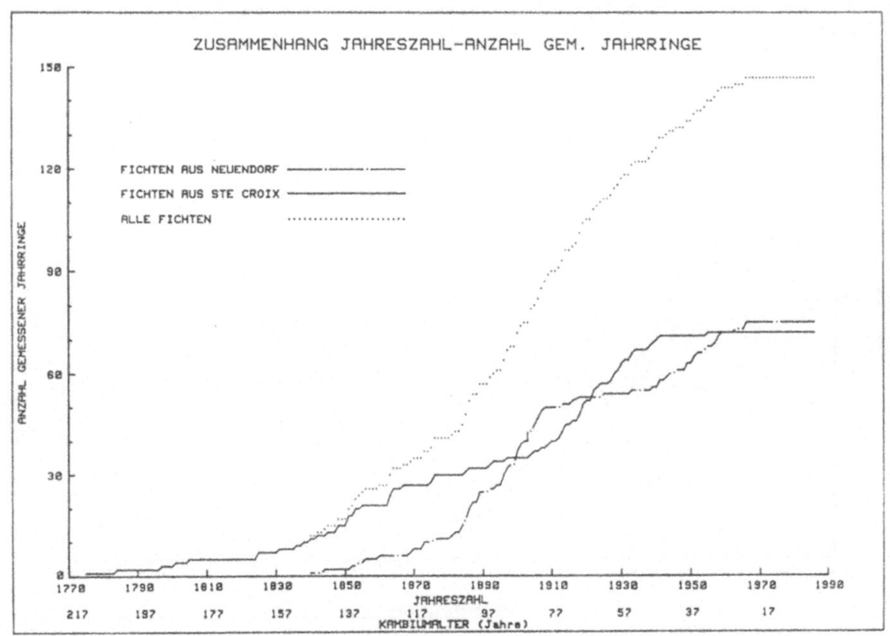

Bild 2.6: Anzahl gemessener Jahrringbreiten zu den Kurven im Bild 2.4, geordnet nach Bildungsjahr resp. Kambiumalter.

38

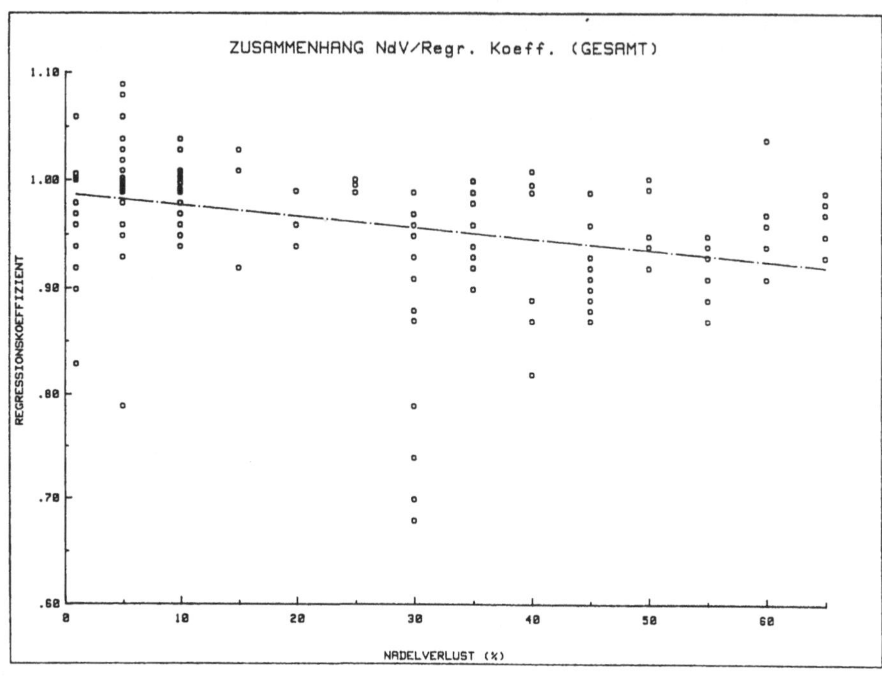

Bild 2.7: Zusammenhang zwischen dem Nadelverlust und dem Regressionskoeffizienten der Jahrringbreitenkurven für die Periode 1970 –
1986. Punkteschar und Regressionslinie (N = 147).

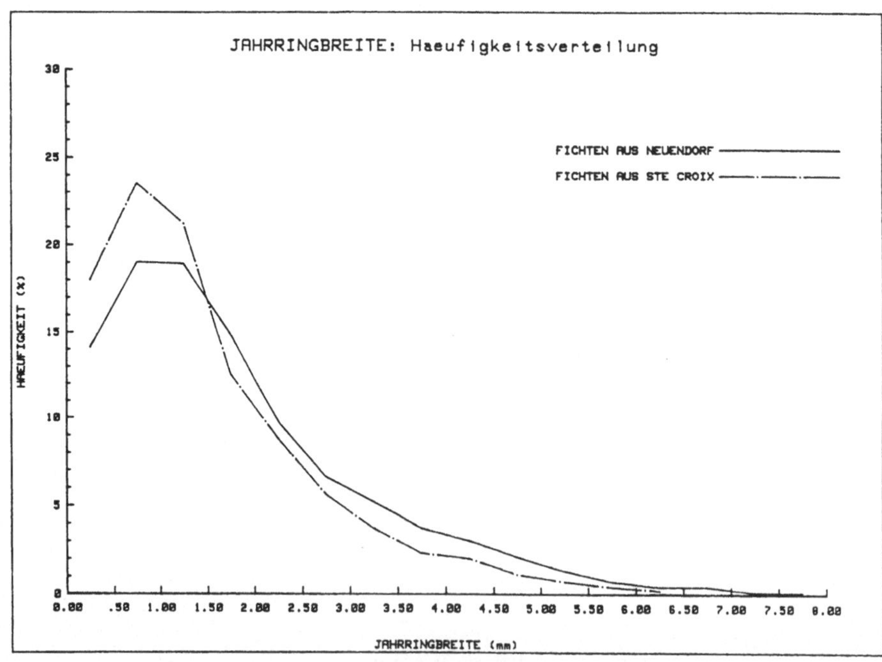

Bild 2.8: Jahrringbreiten der Versuchsbäume aus Neuendorf und Ste Croix.
Häufigkeitsverteilungen der Messwerte in 0,5 mm Klassen (N =
5976 resp. 7187).

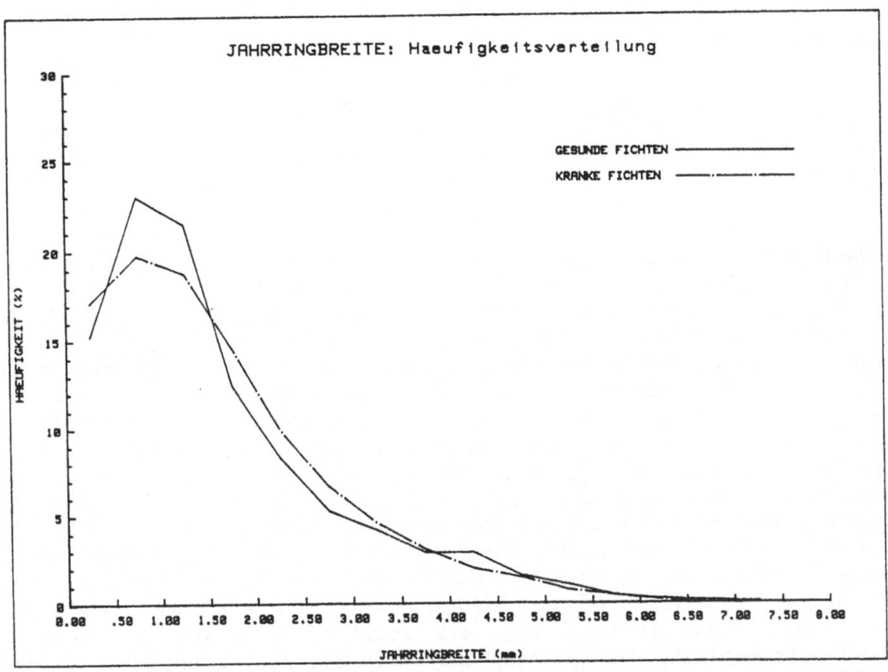

Bild 2.9: Jahrringbreiten der gesunden und kranken Versuchsbäume. Häufigkeitsverteilungen der Messwerte in 0,5 mm Klassen (N = 6585 resp. 6578).

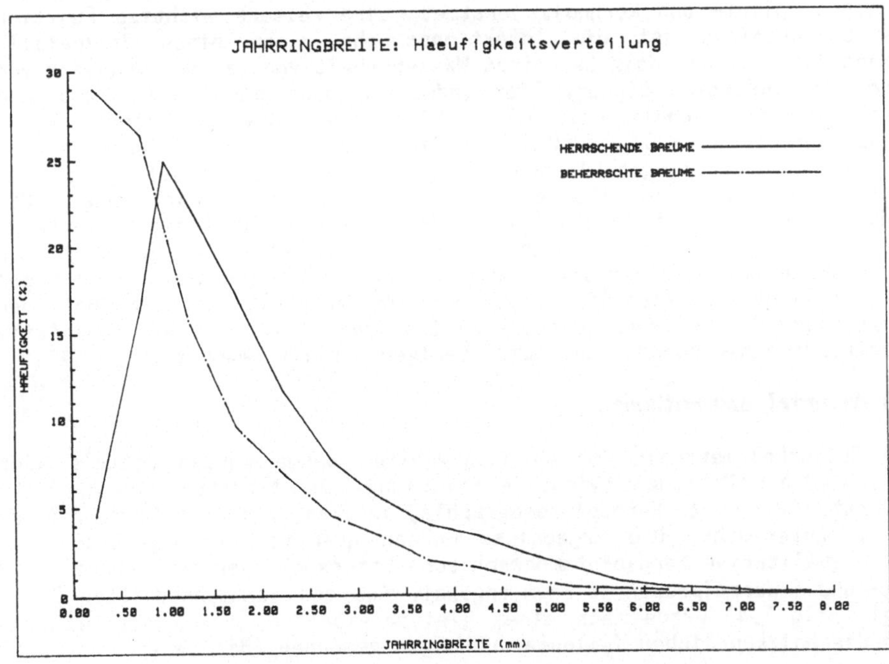

Bild 2.10: Jahrringbreiten der herrschenden und beherrschten Versuchsbäume. Häufigkeitsverteilungen der Messwerte in 0,5 mm Klassen (N = 6870 resp. 6293).

3. SPLINTHOLZMERKMALE

Das Assimilierungsvermögen der Baumkrone ist unter anderem durch das verfügbare Wasserangebot bestimmt. Wassermangel führt zu einer Verminderung der Assimilation, was wiederum eine Reduktion der kambialen Tätigkeit und damit ein verlangsamtes radiales Wachstum zur Folge hat. Die Versorgung der Krone mit Wasser hängt nicht allein vom Angebot im Boden ab, sondern auch von der Aufnahmefähigkeit durch die Wurzeln und den verfügbaren Transportwegen im Holzkörper. Die Transportwege sind auf den Splintholzbereich beschränkt, da die Leitbahnen des Kernholzes endgültig verschlossen sind. Auslösend für die Kernholzbildung ist dabei u. a. eine unzureichende Versorgung der Leitbahnen mit Wasser. Aus diesen Tatsachen geht hervor, dass sowohl die Aktivität der Baumkrone als auch jene des Wasserleitsystems durch das Wasserangebot wesentlich beeinflusst werden. Die Beziehung zwischen dem Wasserleitsystem und der Krone scheint eine wechselwirkende zu sein: geschädigte Kronen assimilieren weniger als gesunde, wodurch die Wasserführung im Xylem reduziert und weitere Verkernung ausgelöst wird. Die dadurch reduzierten Splintholzbereiche beschränken einen späteren Anstieg der Transpiration und Assimilation in der Krone. Treffen letztere Ueberlegungen zu, dann müssten zwischen dem Gesundheitszustand der Krone und den Merkmalen des Splintholzes (Breite, Fläche, Flächenanteil) Korrelationen bestehen. Sollten sich diese Zusammenhänge als statistisch gesichert erweisen, dann wäre es möglich, die Splintholzmerkmale als Mittel zur Diagnose des Gesundheitszustandes der Bäume heranzuziehen.

Die Hauptfunktion des Splintholzes ist die Leitung des Transpirationswassers. Daneben dient es als Speichergewebe. Die Reservesubstanzen in den Markstrahl- und Strangparenchymzellen werden in der Uebergangszone zwischen Splint- und Kernholz veratmet. Eine weitere wichtige Funktion des Splintholzes ist die Infektionsabwehr gegen einen Pilzbefall. Bekanntlich ist das Holz bei einem Wassergehalt von ca. 80% und mehr vor einer Pilzinfektion sicher. Dies bedeutet, dass das relativ trockene Kernholz (Wassergehalt ca. 30% - 50%) durch die unversehrte Rinde (Wassergehalt ca. 100% - 250%) und das nasse Splintholz (Wassergehalt ca. 90% - 180%) eingeschlossen und geschützt wird. Bedeutsam ist der Wassergehalt des Splintholzes auch für die Holzverarbeitung. Die Reduktion des Splintholzanteiles und der Splintholzfeuchtigkeit verkürzt die Trocknungszeiten, auf der anderen Seite wird jedoch durch den vorzeitigen Hoftüpfelverschluss die Imprägnierung erschwert oder sogar verunmöglicht. Schliesslich ist der Wassergehalt wichtig bei der Holzschliff-Herstellung, denn aus zu trockenem Holz wird ein qualitativ unbefriedigender spröder und kurzfaseriger Schliff gewonnen.

3.1 Material und Methoden

Die Splintholzmerkmale der 49 ausgewählten Bäume wurden mittels vier verschiedener Methoden (visuelle Erfassung, Darrtrocknung, elektrische Widerstandsmessung, Kernspintomographie) in drei Baumhöhen (2 m, 7 m und 12 m) untersucht. Die Ergebnisse wurden quantitativ ausgewertet und durch qualitative kernspintomographische Untersuchungen an 3 Kronen-, 12 Ast- und 4 Wurzelproben je Baum ergänzt. Aus den Stammabschnitten B 1-3 (vgl. Bild 1.4) wurde nach einem gleichbleibenden Schema das Material für die holzkundlichen Teiluntersuchungen gewonnen (Bild 3.1).

Bild 3.1: Zuteilung des Materials für die holzkundlichen Teiluntersuchungen.

Länge des Stammabschnittes: 50 cm

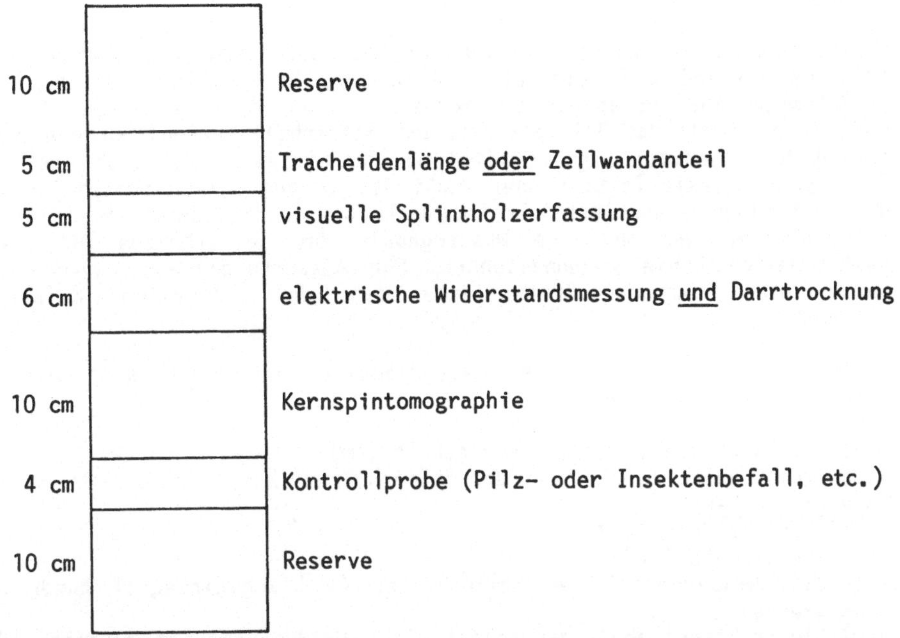

10 cm	Reserve
5 cm	Tracheidenlänge <u>oder</u> Zellwandanteil
5 cm	visuelle Splintholzerfassung
6 cm	elektrische Widerstandsmessung <u>und</u> Darrtrocknung
10 cm	Kernspintomographie
4 cm	Kontrollprobe (Pilz- oder Insektenbefall, etc.)
10 cm	Reserve

Die Erhebung der Splintholzmerkmale stellt den anspruchsvollsten Teil dieser Untersuchung dar, denn es sind hier vier unabhängige Methoden angewendet worden. Jede der vier Methoden lieferte eine <u>Rohinformation</u>, aus der <u>direkte Messwerte</u> und durch Berechnungen <u>abgeleitete Werte</u> gewonnen wurden.

1. <u>Visuelle Erfassung</u>

Die Stammscheiben wurden nach dem zweistufigen Färbeverfahren von CYMOREK (1980) behandelt und anschliessend photographiert.

<u>Rohinformation</u>: Diapositiv
<u>direkte Messwerte:</u>
- Durchmesser der Stammscheibe Nord-Süd ohne Rinde (cm)
- Splintholzbreite Nord (cm)
- Stammquerschnittsfläche (cm²)
- Kernholzfläche (cm²)
<u>abgeleitete Werte:</u>
- Splintholzfläche (cm²)
- mittlere Splintholzbreite (cm)
- Splintholzanteil (%)
- Formfaktor des Kernholzes, berechnet nach der Formel $F = 4 \times \pi \times$ Kernholzfläche/Kernholzumfang²

2. <u>Darrtrocknung</u>

Die Bestimmung des Wassergehaltes mittels einer Darrtrocknung erfordert das Aufspalten der Scheibe in einzelne radial angeordnete Holzspäne. Die aus dem Nordradius der Stammscheiben gewonnenen Späne hatten folgende Dimensionen:

- axiale Länge ca. 6 cm
- radiale Dicke 0,5 cm
- tangentiale Breite ca. 5 cm
- Volumen ca. 15 cm³

Die Bestimmung des Wassergehaltes erfolgte auf Grund des Gewichtes in frischem Zustand und nach einer Trocknung bei 103° ± 1°C bis zur Gewichtskonstanz. Beispiele von Messergebnissen für die Fichten FIN 11 und FIN 14 stellt das Bild 3.2 dar. Die Splintholz/Kernholz-Grenze wurde anhand der Literatur (vgl. Kapitel 3) und einiger Vorversuche bei 90% Wassergehalt festgelegt; dieser Punkt ist in den obigen Beispielen mit dem Buchstaben G markiert. Der maximale Wassergehaltswert ist mit dem Buchstaben M, der mittlere Wassergehalt des Splintholzes mit einer gestrichelten Linie gekennzeichnet. Für Auswertungszwecke wurden die Werte der Stammquerschnittsfläche aus der visuellen Erfassung übernommen.

<u>Rohinformation</u>: Messkurve des Wassergehaltes in Abhängigkeit von der radialen Position der Probe.
<u>direkte Messwerte</u>:
- Splintholzbreite bei 90% Wassergehalt (cm)
- maximaler Wassergehaltswert des Splintholzes (%)
<u>abgeleitete Werte</u>:
- Splintholzfläche (cm²)
- Splintholzanteil (%)
- totaler Wassergehalt des Splintholzes (= Flächenintegral unter der Messkurve)
- mittlerer Wassergehalt des Splintholzes (= Rechteck mit gleicher Flä-che wie der totale Wassergehalt; %)
- qualifizierte Splintholzfläche (= Produktsumme aus den Kreisring-flächen und deren Wassergehaltswerten; cm² x %)
- qualifizierter Splintholzanteil (= qualifizierte Splintholzfläche, bezogen auf die Stammquerschnittsfläche; %)

Die qualifizierten Splintholzmerkmale sind, im Gegensatz zum totalen und mittleren Wassergehalt des Splintholzes, gewichtet. Der effektiven Fläche des jeweiligen Kreisringes wird seine Qualität (Wassergehalt, elektrischer Leitwert oder Dichtewert der Wasserstoff-Protonen) zuge-ordnet. Damit wird das Volumen eines Rotationskörpers berechnet, welcher im Bild 3.4 schematisch dargestellt ist.

<u>3. Elektrische Widerstandsmessung</u>
Für die Ermittlung von Verfärbungen und Pilzbefall im Holzkörper wurde von SKUTT, SHIGO und LESSARD (1972) die schichtweise Messung des elektrischen Widerstandes vorgeschlagen. Gleichzeitig hat ZSCHURAVLEVA (1972) die elektrische Leitfähigkeit der kambialen Zone mit der Baumvi-talität der Fichte korrelieren können. Diese Ideen wurden in unserem Fachbereich aufgegriffen und führten zur Entwicklung des Messgerätes VITAMAT (KUČERA 1986), welches am 12. Januar 1988 in einer feldtaug-lichen Version der forstlichen Praxis im Rahmen eines Seminars vorge-stellt wurde. Der VITAMAT besteht aus einer doppelten Nadelsonde mit hochwertiger Isolation, welche schrittweise in den Baumkörper getrieben wird, sowie aus dem Mess- und Registriergerät (Bild 3.12). Die gewon-nenen Messdaten wurden in einer stationären Rechneranlage ausgewertet.

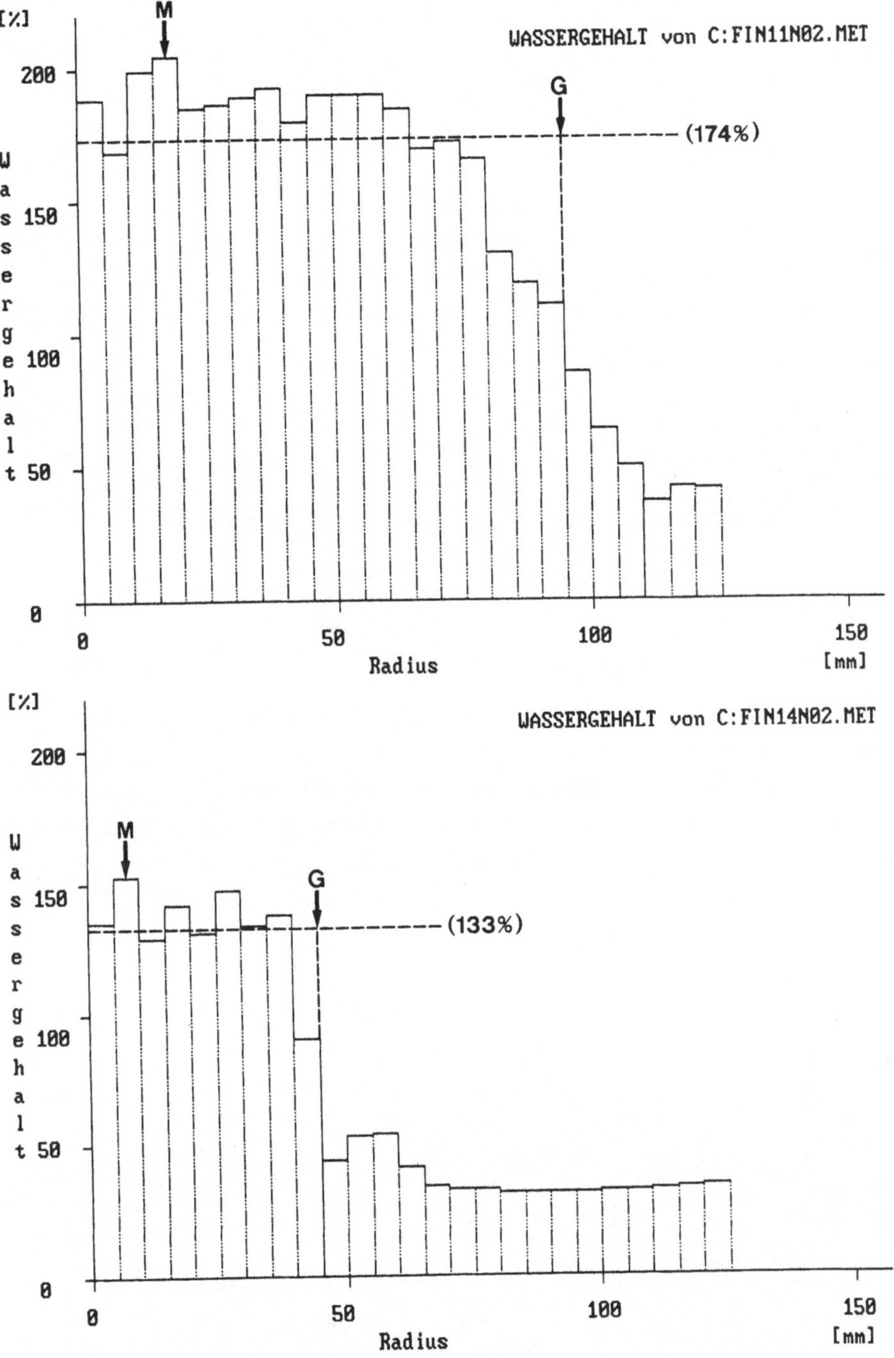

Bild 3.2: Messwerte des Wassergehaltes aus der Darrtrocknung in Abhängigkeit von der radialen Position der Probe. Zeichenerklärungen im Text.
Oben: Fichte FIN 11, herrschend, Nadelverlust 0%, Alter 57 Jahre, Nordradius aus 2 m Höhe.
Unten: Fichte FIN 14, herrschend, Nadelverlust 35%, Alter 83 Jahre, Nordradius aus 2 m Höhe.

44

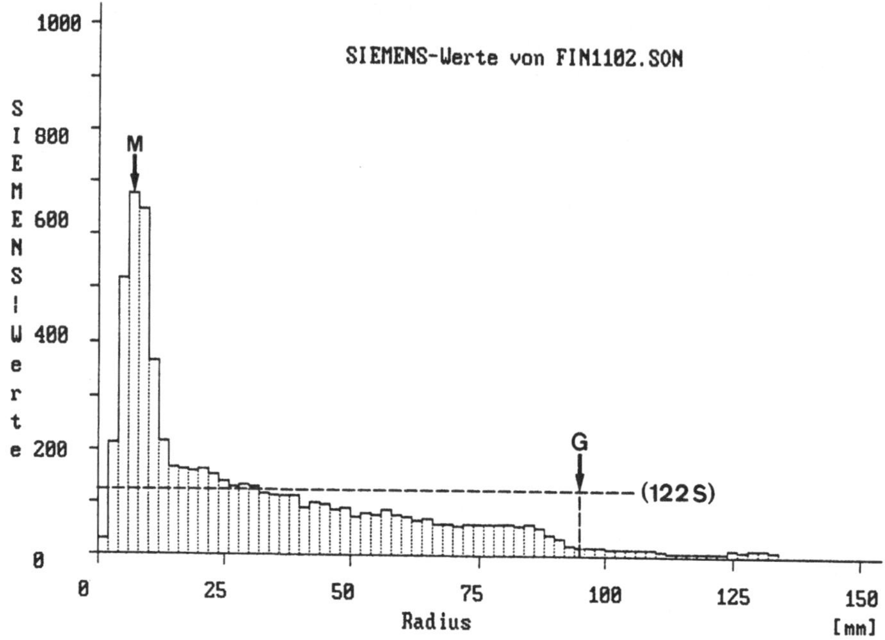

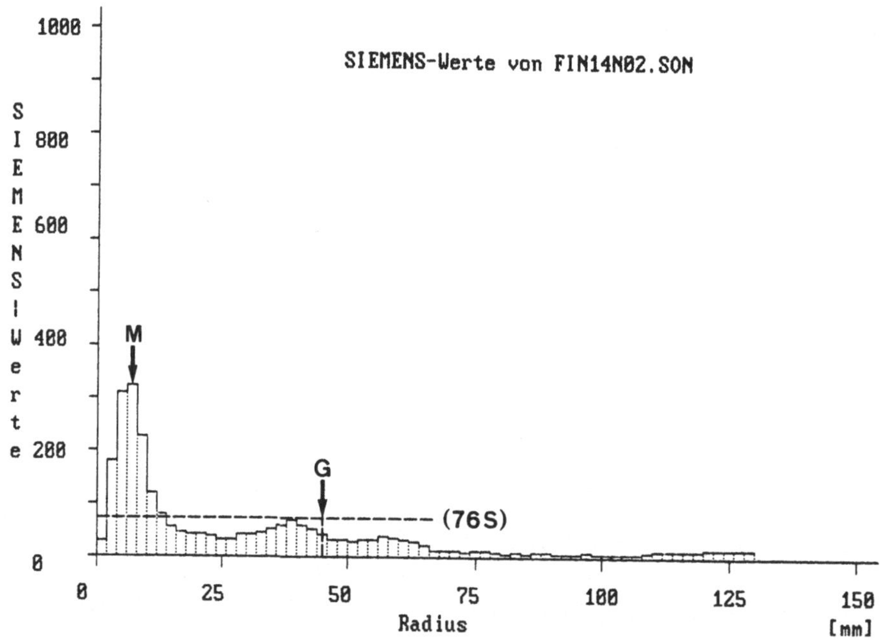

Bild 3.3: Messwerte der elektrischen Leitfähigkeit in Abhängigkeit von der radialen Messposition. Zeichenerklärungen im Text.
Oben: Fichte FIN 11, herrschend, Nadelverlust 0%, Alter 57 Jahre, Nordradius aus 2 m Höhe.
Unten: Fichte FIN 14, herrschend, Nadelverlust 35%, Alter 83 Jahre, Nordradius aus 2 m Höhe.

Die Messungen erfolgten am Nordradius der Stammscheiben vorgängig zur Darrtrocknung; der Messabstand betrug 2 mm. Registriert wurde in Abhängigkeit von der radialen Messposition (mm) der reziproke Wert des elektrischen Widerstandes – die elektrische Leitfähigkeit (Siemens). Beispiele von Messergebnissen für die Fichten FIN 11 und FIN 14 sind im Bild 3.3 dargestellt. Der maximale Leitwert ist in diesen Beispielen mit dem Buchstaben M, die Splintholz/Kernholz-Grenze mit dem Buchstaben G und der mittlere Leitwert mit einer gestrichelten Linie markiert. Für Auswertungszwecke wurden die Werte der Stammquerschnittsfläche aus der visuellen Erfassung und der Splintholzbreite aus der Darrtrocknung übernommen.

<u>Rohinformation</u>: Messkurve der elektrischen Leitfähigkeit in Abhängigkeit von der radialen Messposition.
<u>direkter Messwert:</u>
– maximaler Leitwert des Splintholzes (Siemens)
<u>abgeleitete Werte:</u>
– totaler Leitwert des Splintholzes (= Flächenintegral unter der Messkurve; Siemens)
– mittlerer Leitwert des Splintholzes (= Rechteck mit gleicher Fläche wie der totale Leitwert; Siemens)
– qualifizierte Splintholzfläche (= Produktesumme aus den Kreisringflächen und deren elektrischen Leitwerten; cm² x Siemens; vgl. dazu Bild 3.4)
– qualifizierter Splintholzanteil (= qualifizierte Splintholzfläche, bezogen auf die Stammquerschnittsfläche; Siemens; vgl. dazu Bild 3.4)

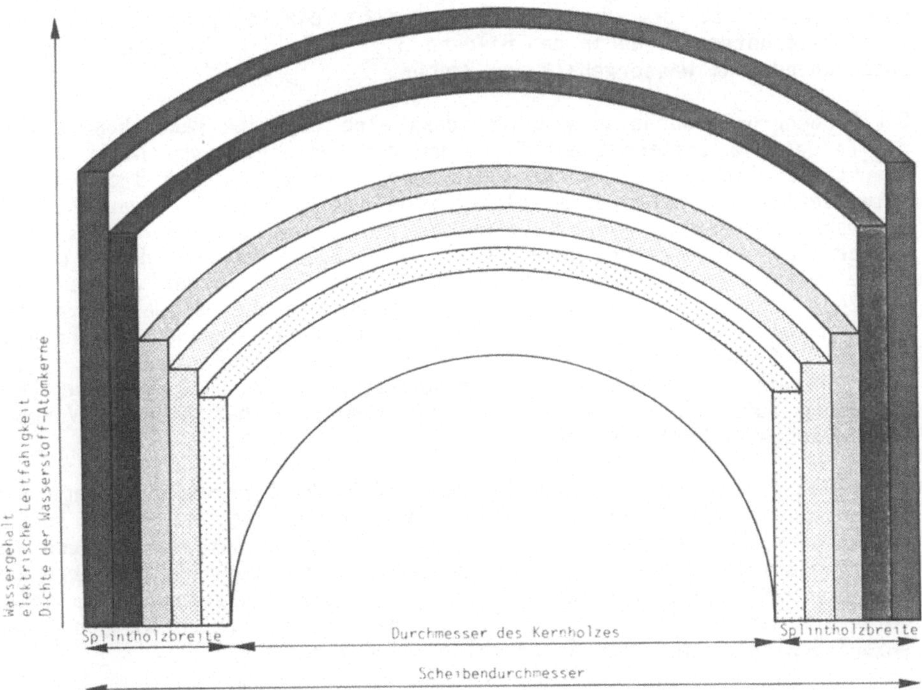

Bild 3.4: Darstellung eines Rotationskörpers zur Erklärung der Begriffe "qualifizierte Splintholzfläche" und "qualifizierter Splintholzanteil". Erläuterungen im Text.

46

4.Kernspintomographie

Die Darstellung des freien Wassers im Holzkörper mittels der kernmagnetischen Resonanz (Kernspintomographie, Nuclear Magnetic Resonance, NMR) wurde in der Holzforschung von KUČERA und BRUNNER (1985) eingeführt. Die Methode beruht auf einer Eigenschaft vieler Atomkerne, die als Eigendrehimpuls (Eigenrotation, Spin) bezeichnet wird. Der Kern des Wasserstoff-Atoms hat einen charakteristischen und leicht nachweisbaren Spin. Um den Effekt der Kernresonanz zu verstehen, kann man sich den Kern als Kreisel vorstellen, der um seine Achse rotiert. Legt man diesen Kreisel in ein Magnetfeld, richtet sich die Achse des Kreisels parallel zur Richtung des Magnetfeldes. Der Kernresonanzeffekt kann beobachtet werden, wenn für kurze Zeit ein zweites Feld senkrecht zum ursprünglichen Magnetfeld erzeugt wird. Dieses von einem Hochfrequenzimpuls erzeugte Feld wird durch eine Sende/Empfangsspule ausgestrahlt. Sein Puls wird gewöhnlich so berechnet, dass die Auslenkung des Spins aus der Ruhelage 90° beträgt. Unmittelbar nach dem Anregungsimpuls beginnt der Spin, sich in seine Ruheposition zurückzubewegen. Zugleich beginnen sich die Spins, je nach ihrer direkten Umgebung, in einer Ebene senkrecht zur Magnetfeldachse auszubreiten. Diese Bewegung kann als Oszillation beobachtet werden und ist das eigentliche Kernresonanzsignal. Es wird nach Abschalten des Sendeimpulses empfangen, aufgezeichnet und einer Fourieranalyse unterworfen, aus der schliesslich das Kernresonanzspektrum hervorgeht. Da das zweite Feld sich linear verändert (Magnetfeldgradient), können ohne mechanische Verschiebung des Objektes und zerstörungsfrei Schichtbilder in beliebiger Richtung erzeugt werden. Die Kerne von mobilen Wasserstoff-Atomen senden dabei ein NMR-Signal aus, dessen Amplitude mit der Dichte dieser Kerne (d.h. mit dem freien Wassergehalt) direkt proportional ist. Helligkeitsunterschiede in den Bildern 3.13 – 3.26 entsprechen folglich Unterschieden im Wassergehalt der Proben.

Die Probengrösse wurde so gewählt, dass eine mögliche Randinhomogenität des Feldes die spätere Quantifizierung der Messergebnisse nicht beeinträchtigte. Die Grösse der Stammholzproben betrug 10 x 8 x 8 cm (radial x tangential x axial); eine solche Probe ist im Bild 3.11 dargestellt. Stammscheiben bis zu einem Durchmesser von 10 cm konnten in ursprünglicher Form ausgemessen werden (z.B. Bild 3.15), ebenso die Ast- und Wurzelholzproben, welche zu Bündeln zusammengefasst wurden (Bilder 3.21 – 3.24). Sämtliche Proben wurden zwecks Konservierung des Wassergehaltes in frischem Zustand (Ast- und Wurzelholzproben während der Probenentnahme, Stammholzproben unmittelbar nach dem Zuschneiden) mit flüssigem Paraffin abgedichtet und im Kühlschrank bei 3°C bis zur Verarbeitung aufbewahrt. Diese Konservierungsmethode hat sich in Vorversuchen ausgezeichnet bewährt.

Die Messungen wurden an einer BIOSPEC 47/30 BMT Kernresonanzanlage der Firma Spectrospin AG durchgeführt. Diese Anlage ist mit einem supraleitenden Hochfeldmagneten von 4,7 Tesla Feldstärke ausgestattet und das Kernresonanzsignal wird durch Hochfrequenzimpulse von 100 MHz erzeugt. Die messtechnischen Parameter konnten für das Fichtenholz wie folgt optimiert werden: Schichtdicke für ein Bild 5 mm, Schichtabstand 5 mm, Anzahl Schichten je Probe 4, Anzahl aufgenommener Echos 1.

Die quantitative Auswertung des Bildmaterials erfolgte in einem rechnergestützten Bildprozessor. Dabei wurden unseres Wissens erstmalig NMR-Aufnahmen quantifiziert. Entsprechend mussten in Vorversuchen einige technische Probleme gelöst werden:

1. Als <u>Messbereich</u> wurde nicht die gesamte Probenfläche, sondern ein Kreisausschnitt gewählt, in welchem die verschieden feuchten Splintholzbereiche proportional zur Stammscheibe vertreten sind. Da aber das Splintholz einen Kreisring darstellt, erfolgten die Messungen in einem Kreisring-Ausschnitt, begrenzt von aussen durch das Kambium, von innen durch die Splintholz/Kernholz-Grenze und beidseitig durch zwei extreme Radien. Diese Radien sind im Bild 3.13 durch Pfeile angedeutet. Die Hochrechnung der Ergebnisse aus dem Messbereich auf die Stammscheibe erfolgte durch die Multiplikation mit der Verhältniszahl Scheibenumfang: kambiale Bogenlänge des Messbereiches.

2. Die <u>Messfläche</u> wurde im Bildprozessor in Bildpunkten ermittelt. Eine Umrechnung in das übliche Flächenmass (cm^2) war notwendig, um mit den anderen Methoden vergleichbare Ergebnisse zu erzielen. Deshalb wurde in Vorversuchen ein Umrechnungsfaktor ermittelt. Dieser Faktor war keine Konstante, sondern zeigte eine Variabilität von 11,7% (Variabilitätskoeffizient der Einzelwerte). Diese Quelle der Variabilität sollte im Rahmen künftiger methodischer Untersuchungen behoben werden.

3. <u>Der Korrekturfaktor der Signaldichte</u>. Um den gesamten Empfindlichkeitsbereich der Messanlage ausnützen zu können, werden die vom Objekt ausgestrahlten Kernresonanzsignale vor der eigentlichen Aufnahme durch einen Verstärker modifiziert. Dadurch werden aber Proben mit verschiedenem Wassergehalt unterschiedlich behandelt, was eine nachträgliche Korrektur bei der Quantifizierung erfordert. Für diese Korrektur wurde folgende Beziehung ermittelt und verwendet:

$$I_{MK} = I_{MU} \times 10^{VS/20}$$

I_{MK} = mittlere korrigierte Signaldichte

I_{MU} = mittlere unkorrigierte Signaldichte

VS = Verstärker-Stufe

Eine andere Korrekturmöglichkeit, welche ausgetestet jedoch nicht angewendet wurde, beruht in der ständigen Mitverwendung eines Standardobjektes. Als Standardobjekt hat sich ein Gemisch aus normalem und schwerem Wasser ($D_2O:H_2O = 9:1$) bewährt. Wichtig für die Wahl des D_2O war die Erzielung eines optimalen Gemisches mit H_2O und der Umstand, dass die Resonanz-Frequenzen von H und D völlig verschieden sind. Die Konzentration von H_2O wurde so gewählt, dass das Signal des Standardobjektes knapp unterhalb der maximalen Signalintensität zu liegen kam. Damit wurde der Gegensatz zwischen der Messgenauigkeit des Standards und der Ausnützung des Empfindlichkeitsbereiches optimiert.

Für Auswertungszwecke wurden die Werte der Stammquerschnittsfläche aus der visuellen Erfassung übernommen.

<u>Rohinformation</u>: schwarz-weiss Negativ
<u>direkte Messwerte</u>:
- Bogenlänge im kambialen Bereich der Probe (cm)
- Splintholzfläche der Probe (cm^2)

<u>abgeleitete Werte:</u>
- Umfang der Scheibe (aus der Stammquerschnittsfläche berechnet; cm)
- gewichtete Signaldichte des Splintholzes der Probe (BP x Mio.)
- Splintholzfläche der Probe (cm²)
- qualifizierte Splintholzfläche der Probe (= Produkt aus der gewichteten Signaldichte und der Splintholzfläche der Probe; cm² x BP x Mio.)
- qualifizierte Splintholzfläche (= qualifizierte Splintholzfläche der Probe hochgerechnet für die Stammscheibe; cm² x BP x Mio.; vgl. dazu Bild 3.4)
- qualifizierter Splintholzanteil (= qualifizierte Splintholzfläche, bezogen auf die Stammquerschnittsfläche; BP x Mio; vgl. dazu Bild 3.4)

Die statistische Auswertung der quantitativen Ergebnisse folgt den im Abschnitt 1.3 beschriebenen Grundsätzen. Eine Aufzählung der ausgeführten statistischen Berechnungen ist im Anhang 2 zu finden. Die qualitative Auswertung ist beispielhaft auf die Bildtafeln 1 und 2 (Bilder 3.13 - 3.26) konzentriert. Methodische Erkenntnisse wurden bereits beschrieben, ein Vergleich der verwendeten Methoden ist im folgenden Abschnitt 3.2 eingefügt.

3.2 Ergebnisse

A. Quantitative Ergebnisse
Die Messergebnisse aus den Splintholzuntersuchungen sind im Anhang 1
zusammengestellt:
a: Splintholzmerkmale aus der visuellen Erfassung,
b: Splintholzmerkmale aus der Darrtrocknung und der Messung der elek-
    trischen Leitfähigkeit und
c: Splintholzmerkmale aus den NMR-Untersuchungen

Die statistischen Stichproben-Parameter der wichtigsten Splintholzmerkmale sind in den Tabellen 3.1a und 3.1b zusammengestellt. Es zeigte
sich dabei, dass der Stichprobenumfang für eine statistisch gesicherte
Aussage nicht in allen Fällen erreicht wurde. In der Tabelle 3.1c sind
die Stichproben-Parameter einiger Splintholzmerkmale, geordnet nach dem
Gesundheitszustand der Bäume, zusammengetragen. Tabelle 3.2 enthält die
dazugehörigen statistischen Vergleiche. Die mittlere Splintholzbreite
betrug bei den gesunden Bäumen 3,96 cm, bei den kranken noch 2,89 cm
(Reduktion 27%). Der Splintholzanteil erreichte bei den gesunden Bäumen
durchschnittlich 47,4%, bei den kranken nur 37,7% (Reduktion 20%). Der
mittlere Wassergehalt des Splintholzes lag in den gesunden Bäumen
durchschnittlich bei 156,7%, in den kranken Bäumen bei 149,9% (Reduktion
4,5%). Die qualifizierte Splintholzfläche betrug im Mittel der gesunden
Bäume 78,5%, bei den kranken Bäumen aber nur noch 58,3% (Reduktion 26%).
Die Unterschiede sind, mit Ausnahme des Wassergehaltes, statistisch
gesichert.

Eine Ueberprüfung des Scheibenalters in den Stichproben "gesund" und
"krank" zeigte in bezug auf den Mittelwert und die Streuung keine
Unterschiede (vgl. Tabelle 3.2). Da auch andere Stichproben-Merkmale
(soziologische Stellung, Nadelverlust, Gesundheitszustand) gleichmässig
verteilt waren (vgl. Tabellen 2.3 und 2.4), konnte eine korrelations-
statistische Analyse der Zusammenhänge zwischen einigen Baum- und
Probencharakteristiken und den Splintholzmerkmalen durchgeführt werden.
Die Ergebnisse dieser Analyse sind in den Tabellen 3.3a, 3.3b und 3.3c
enthalten. Der jeweils beste Zusammenhang für jede "unabhängige
Variable" (Baum- und Probencharakteristikum) ist in den Bildern 3.5 bis
3.10 dargestellt.

Aus der Sicht der Baum- und Probencharakteristiken ergaben sich dabei
folgende Ergebnisse:
1. Der Nadelverlust (Tabelle 3.3a) ist mit 17 der 19 untersuchten
   Splintholzmerkmale signifikant bis sehr hoch signifikant korreliert
   (Bestimmtheitsmasse zwischen 3% und 28%). Sämtliche Zusammenhänge
   sind vom negativ-logarithmischen Typus. Diese Funktion zeichnet sich
   aus durch anfänglich starke Abnahme der Y-Werte bei relativ geringer
   Zunahme der X-Werte. Konkret heisst dies, dass relativ geringer
   Nadelverlust mit deutlichen Reduktionen der Splintholzmerkmale ein-
   hergeht. Diese Tatsache ist auch Bild 3.5 zu entnehmen, in welchem
   der Zusammenhang zwischen dem Nadelverlust und dem qualifizierten
   Splintholzanteil aus der Messung der elektrischen Leitfähigkeit
   dargestellt ist. Allerdings zeigen die Bestimmtheitsmasse, dass der
   Gesamtumfang dieser Zusammenhänge beschränkt ist, wohl weil die
   Splintholzmerkmale durch weitere Faktoren beeinflusst werden.
   Erwähnenswert ist der klare Zusammenhang zwischen dem Nadelverlust
   und dem Formfaktor des Kernholzes: mit steigendem Nadelverlust weicht
   das Kernholz immer mehr von der regelmässigen Kreisform ab; dies kann

50

als Hinweis auf Störungen im Splintholzbereich gewertet werden oder
auf pathologische Vorgänge im Baumkörper.

2. Die <u>vertikale Position der Probe</u> im Baumkörper (Tabelle 3.3a) ist in
5 aus 19 Fällen mit Splintholzmerkmalen korreliert. Es handelt sich
zumeist um schwache positive Zusammenhänge (Bestimmtheitsmasse 3% –
10%), die sich auf das Merkmal "Splintholzanteil" beschränken (Bild
3.6), während die Breite der Splintholzzone sowie die Wassergehalts-
und Leitwerte keinen Zusammenhang mit der vertikalen Position
belegen.

3. Die <u>soziologische Stellung</u> des Baumes sowie der <u>Scheibendurchmesser</u>
(Tabelle 3.3b) zeigen nahezu die gleichen positiv-linearen und
positiv-exponentiellen Zusammenhänge mit den Splintholzmerkmalen
(Bilder 3.7 und 3.8), wobei die soziologische Stellung (Bestimmtheitsmasse 6% – 62%) mit wenigen Ausnahmen die engeren Korrelationen
als der Scheibendurchmesser (Bestimmtheitsmasse 3% – 68%) aufweist.
Ein wichtiger Unterschied zwischen diesen zwei "unabhängigen
Variablen" besteht im Hinblick auf den Splintholzanteil. Die
soziologische Stellung ist mit dem Splintholzanteil nicht korreliert,
der Scheibendurchmesser steht hingegen mit dem Splintholzanteil in
einem negativ-logarithmischen Zusammenhang. Bedingt durch diesen
Unterschied bestehen zwischen der soziologischen Stellung und den
Splintholzmerkmalen 13, zwischen dem Scheibendurchmesser und den
Splintholzmerkmalen 16 statistisch gesicherte Zusammenhänge.

4. Das <u>Baumalter</u> und das <u>Alter der Scheibe</u> (Tabelle 3.3c) zeigen die
identischen, mehrheitlich negativ-logarithmischen Zusammenhänge mit
den Splintholzmerkmalen (Bilder 3.9 und 3.10). Die Bestimmtheitsmasse
der jeweils 10 statistisch gesicherten Zusammenhänge variieren zwischen 3% – 34% (Baumalter) resp. 5% – 52% (Alter der Scheibe).
Während die Splintholzfläche und der Splintholzanteil altersabhängig
sind, zeigen die Breite des Splintholzes und sein Wassergehalt keinen
Zusammenhang mit dem Baum- resp. Scheibenalter. Beachtenswert ist
noch der positiv-logarithmische Zusammenhang zwischen dem Baum- resp.
Scheibenalter und dem Formfaktor des Kernholzes. Danach ist in
älteren Bäumen die regelmässigere Form des Kernholzes zu erwarten.

Tabelle 3.1a: Statistische Stichproben-Parameter: Baumcharakteristiken und Splintholzmerkmale

Parameter/Stichprobe	Baum-alter	Scheibenalter gesund	krank	A visuell	B Darr.	C Darr.
Anzahl Messungen	147	72	75	147	139	139
Mittelwert	110,2	91,5	87,7	3,41	153,3	42,6
Vertrauensintervall (P=95%)±	6,9	9,3	9,0	0,25	4,1	2,9
Variabilitätskoeff. d. Mittelw.	3,2	5,1	5,2	0,13	1,4	3,5
Mindestprobenumfang (P=95%)	60	75	79	81	10	67
kleinster Wert	43	21	21	0,70	106	10
grösster Wert	220	186	212	8,10	214	99

A = mittlere Splintholzbreite
B = mittlerer Wassergehalt des Splintholzes
C = Splintholzanteil

Tabelle 3.1b: Statistische Stichproben-Parameter: Splintholzmerkmale

Parameter/Stichprobe	A vis.	B Darrtr.	VITAMAT	NMR	C Darrtr.	VITAMAT	NMR
Anzahl Messungen	147	139	116	144	139	116	144
Mittelwert	42,4	68,3	53,7	16,9	53895	36317	12141
VI (P=95%) ±	2,6	5,6	7,9	2,3	7559	6469	2304
VK des Mittelwertes	3,1	4,2	7,5	7,0	7,2	9,0	9,7
MPU (P=95%)	57	96	259	284	284	374	539
kleinster Wert	8,8	16	8	1	4067	1657	509
grösster Wert	90,5	184	224	98,6	253936	205509	75325

A   = Splintholzanteil (visuell)
B   = Splintholzanteil qualifiziert (cm²x% /cm²xS /cm²xBP)
C   = Splintholzfläche qualifiziert (cm²x% /cm²xS /cm²xBP)
VI = Vertrauensintervall
VK = Variabilitätskoeffizient
MPU = Mindestprobenumfang

Tabelle 3.1c: Statistische Stichproben-Parameter: Splintholzmerkmale

Parameter/Stichprobe	A		B		C		D	
	g	k	g	k	g	k	g	k
Anzahl Messungen	72	75	72	75	69	70	69	70
Mittelwert	3,96	2,89	47,4	37,7	156,7	149,9	78,5	58,3
VI (P = 95%) ±	0,37	0,30	3,60	3,58	5,65	5,97	8,60	6,73
VK d. Mittelw.	4,71	5,27	3,80	4,77	1,81	1,99	5,49	5,78
Mindestprobenumfang	63	83	41	68	8	11	83	93
kleinster Wert	1,7	0,7	23,6	8,8	109	106	30	16
grösster Wert	8,1	6,2	90,5	83,9	214	201	184	131

A = Splintholzbreite visuell
B = Splintholzanteil gemessen
C = mittlerer Wassergehalt
D = qualifizierte Splintholzfläche darr.
VI = Vertrauensintervall
VK = Variabilitätskoeffizient

Tabelle 3.2: Vergleich von Splintholzmerkmalen in einigen Stichproben

Parameter/Vergleich	A g/k	B g/k	C g/k	D g/k	E g/k
Tabellenwert F	1,47	1,47	1,49	1,49	1,47
bei P (%)	95	95	95	95	95
und FG	71/74	74/71	69/68	68/69	71/74
Testwert F	1,44	1,03	1,13	1,61	1,03
Signifikanz	–	–	–	*	–
Tabellenwert t	3,29	3,29	1,96	3,29	1,96
bei P (%)	99,9	99,9	95	99,9	95
und FG	145	145	137	129	145
Testwert t	4,44	3,83	1,66	3,70	0,58
Signifikanz	***	***	–	***	–

A = Splintholzbreite visuell
B = Splintholzanteil gemessen
C = mittlerer Wassergehalt
D = qualifizierte Splintholzfläche darr.
E = Scheibenalter

Tabelle 3.3a: Zusammenhang zwischen einigen Baum- und Probencharakteristiken und den Splintholzmerkmalen

METHODE Merkmal	MERKMAL Parameter	Ein- heit	Werte- Typus	Anzahl Messun- gen	NADELVERLUST r Sig. Typ			VERTIKALE POSI- TION IM BAUM r Sig. Typ		
VISUELLE ERFASSUNG										
Splintholzbreite Nord		cm	lin.	147	0,34	***	−log.	0,04	−	−
mittlere Splintholzbreite		cm	lin.	147	0,35	***	−log.	0,07	−	−
Splintholzanteil gemessen		%	rel.	147	0,47	***	−log.	0,32	***	+exp.
Formfaktor des Kernholzes		−	rel.	147	0,36	***	−log.	0,13	−	−
DARRTROCKNUNG										
Splintholzbreite Nord		cm	lin.	141	0,35	***	−log.	0,06	−	−
Splintholzanteil geschätzt		%	rel.	139	0,47	***	−log.	0,20	*	+exp.
maximaler Wassergehalt		%	lin.	139	0,20	*	−log.	0,07	−	−
totaler Wassergehalt		%	kum.	139	0,35	***	−log.	0,07	−	−
mittlerer Wassergehalt		%	lin.	139	0,18	*	−log.	0.04	−	−
qualif. Splintholzfläche		cm²x%	kum.	139	0,17	*	−log.	0,19	*	−log.
qualif. Splintholzanteil		%	rel.	139	0,49	***	−log.	0,18	*	+exp.
ELEKTRISCHE LEITFAEHIGKEITSMESSUNG										
maximaler Leitwert		S	lin.	116	0,30	**	−log.	0,08	−	−
totaler Leitwert		S	kum.	116	0,45	***	−log.	0,08	−	−
mittlerer Leitwert		S	lin.	116	0,22	*	−log.	0,03	−	−
qualif. Splintholzfläche		cm²xS	kum.	116	0,27	**	−log.	0,18	−	−
qualif. Splintholzanteil		S	rel.	116	0,53	***	−log.	0,14	−	−
KERNSPINTOMOGRAPHIE										
gewichteter Wassergehalt		BP	lin.	144	0,15	−	−	0,06	−	−
qualif. Splintholzfläche		cm²xBP	kum.	144	0,13	−	−	0,13	−	−
qualif. Splintholzanteil		BP	rel.	144	0,30	***	−log.	0,17	*	+exp.

Zeichenerklärung zu den Tabellen 3.3a − 3.3c:

S   = Siemens
BP   = Bildpunkt
kum. = kumulativ
rel. = relativ
r   = Korrelationskoeffizient
Sig. = Signifikanz
  − = nicht signifikant bei P = 95%
  * = signifikant bei P = 95%
 ** = signifikant bei P = 99%
*** = signifikant bei P = 99,9%
lin. = linear
log. = logarithmisch
exp. = exponentiell
poly.= polynomial

Tabelle 3.3b: Zusammenhang zwischen einigen Baum- und Probencharakteristiken und den Splintholzmerkmalen

METHODE Merkmal	MERKMAL Parameter	Ein-heit	Werte-Typus	Anzahl Messun-gen	SOZIOLOGISCHE STELLUNG			SCHEIBEN-DURCHMESSER		
					r	Sig.	Typ	r	Sig.	Typ
VISUELLE ERFASSUNG										
Splintholzbreite Nord		cm	lin.	147	0,63	***	+lin.	0,45	***	+lin.
mittlere Splintholzbreite		cm	lin.	147	0,66	***	+lin.	0,52	***	+lin.
Splintholzanteil gemessen		%	rel.	147	0,05	–	–	0,52	***	–log.
Formfaktor des Kernholzes		–	rel.	147	0,25	**	–exp.	0,12	–	–
DARRTROCKNUNG										
Splintholzbreite Nord		cm	lin.	141	0,65	***	+exp.	0,46	***	+exp.
Splintholzanteil geschätzt		%	rel.	139	0,13	–	–	0,34	***	–log.
maximaler Wassergehalt		%	lin.	139	0,47	***	+exp.	0,40	***	+exp.
totaler Wassergehalt		%	kum.	139	0,67	***	+exp.	0,49	***	+exp.
mittlerer Wassergehalt		%	lin.	139	0,49	***	+exp.	0,41	***	+exp.
qualif. Splintholzfläche		cm²x%	kum.	139	0,79	***	+exp.	0,82	***	+exp.
qualif. Splintholzanteil		%	rel.	139	0,26	**	+lin.	0,18	*	–log.
ELEKTRISCHE LEITFAEHIGKEITSMESSUNG										
maximaler Leitwert		S	lin.	116	0,39	***	+exp.	0,34	***	+exp.
totaler Leitwert		S	kum.	116	0,49	***	+exp.	0,35	***	+exp.
mittlerer Leitwert		S	lin.	116	0,13	–	–	0,13	–	–
qualif. Splintholzfläche		cm²xS	kum.	116	0,64	***	+exp.	0,69	***	+exp.
qualif. Splintholzanteil		S	rel.	116	0,14	–	–	0,19	*	+lin.
KERNSPINTOMOGRAPHIE										
gewichteter Wassergehalt		BP	lin.	144	0,04	–	–	0,07	–	–
qualif. Splintholzfläche		cm²xBP	kum.	144	0,57	***	+exp.	0,63	***	+exp.
qualif. Splintholzanteil		BP	rel.	144	0,07	–	–	0,26	**	–exp.

Tabelle 3.3c: Zusammenhang zwischen einigen Baum- und Probencharakteristiken und den Splintholzmerkmalen

METHODE Merkmal	Einheit	Werte-Typus	Anzahl Messungen	BAUMALTER r	Sig.	Typ	ALTER DER SCHEIBE r	Sig.	Typ
VISUELLE ERFASSUNG									
Splintholzbreite Nord	cm	lin.	147	0,05	–	–	0,06	–	–
mittlere Splintholzbreite	cm	lin.	147	0,04	–	–	0,03	–	–
Splintholzanteil gemessen	%	rel.	147	0,58	***	-log.	0,72	***	-log.
Formfaktor des Kernholzes	–	rel.	147	0,33	***	+log.	0,29	**	+log.
DARRTROCKNUNG									
Splintholzbreite Nord	cm	lin.	141	0,10	–	–	0,09	–	–
Splintholzanteil geschätzt	%	rel.	139	0,58	***	-log.	0,68	***	-log.
maximaler Wassergehalt	%	lin.	139	0,05	–	–	0,08	–	–
totaler Wassergehalt	%	kum.	139	0,11	–	–	0,11	–	–
mittlerer Wassergehalt	%	lin.	139	0,07	–	–	0,09	–	–
qualif. Splintholzfläche	cm²x%	kum.	139	0,23	**	+exp.	0,29	***	+exp.
qualif. Splintholzanteil	%	rel.	139	0,55	***	-log.	0,63	***	-log.
ELEKTRISCHE LEITFAEHIGKEITSMESSUNG									
maximaler Leitwert	S	lin.	116	0,25	**	poly.	0,21	*	poly.
totaler Leitwert	S	kum.	116	0,28	**	-log.	0,23	*	-log.
mittlerer Leitwert	S	lin.	116	0,12	–	–	0,09	–	–
qualif. Splintholzfläche	cm²xS	kum.	116	0,09	–	–	0,17	–	–
qualif. Splintholzanteil	S	rel.	116	0,51	***	-exp.	0,50	***	-exp.
KERNSPINTOMOGRAPHIE									
gewichteter Wassergehalt	BP	lin.	144	0,07	–	–	0,07	–	–
qualif. Splintholzfläche	cm²xBP	kum.	144	0,20	*	+exp.	0,25	**	+exp.
qualif. Splintholzanteil	BP	rel.	144	0,31	***	-log.	0,40	***	-log.

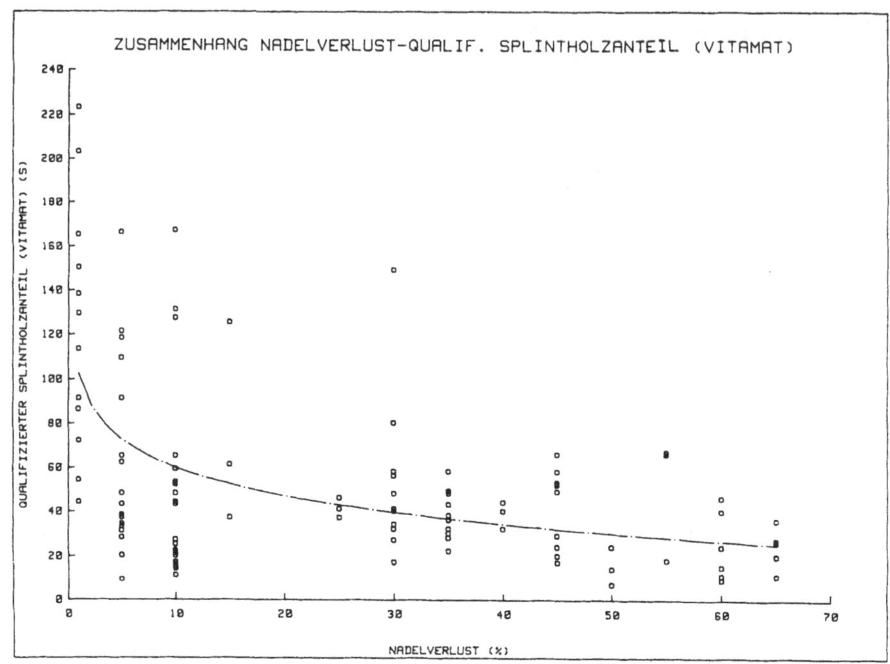

Bild 3.5: Zusammenhang zwischen dem Nadelverlust und dem qualifizierten Splintholzanteil aus der Messung der elektrischen Leitfähigkeit. Punkteschar und Regressionslinie (N = 116).

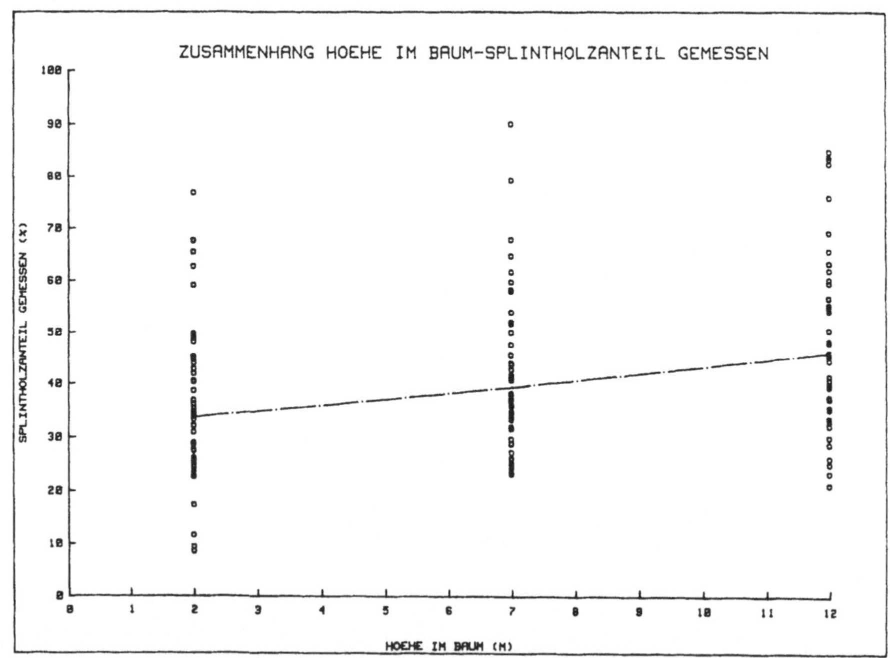

Bild 3.6: Zusammenhang zwischen der vertikalen Position der Probe im Baumkörper und dem Splintholzanteil aus der visuellen Erfassung. Punkteschar und Regressionslinie (N = 147).

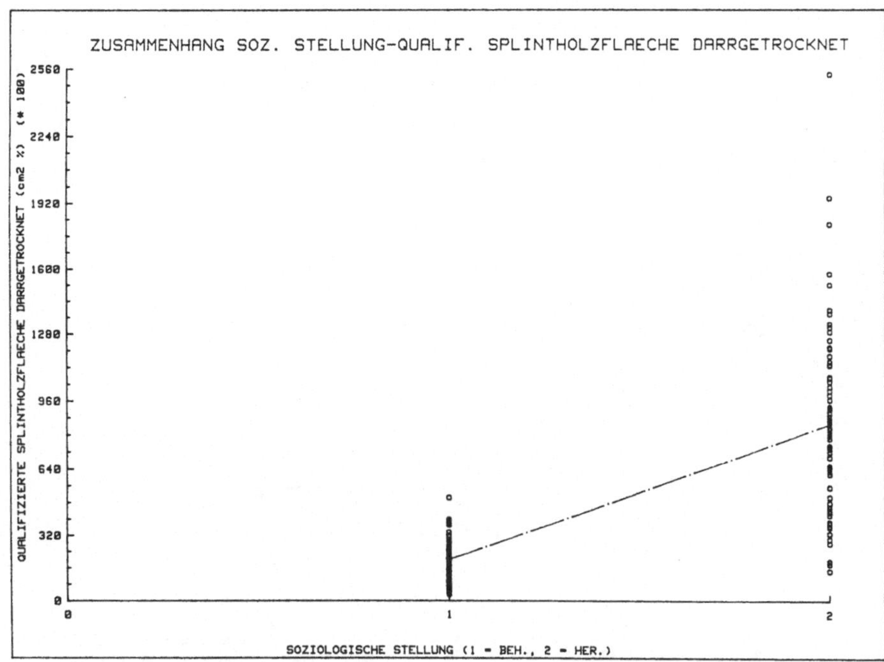

Bild 3.7: Zusammenhang zwischen der soziologischen Stellung und der qualifizierten Splintholzfläche aus der Darrtrocknung. Punkteschar und Regressionslinie (N = 139).

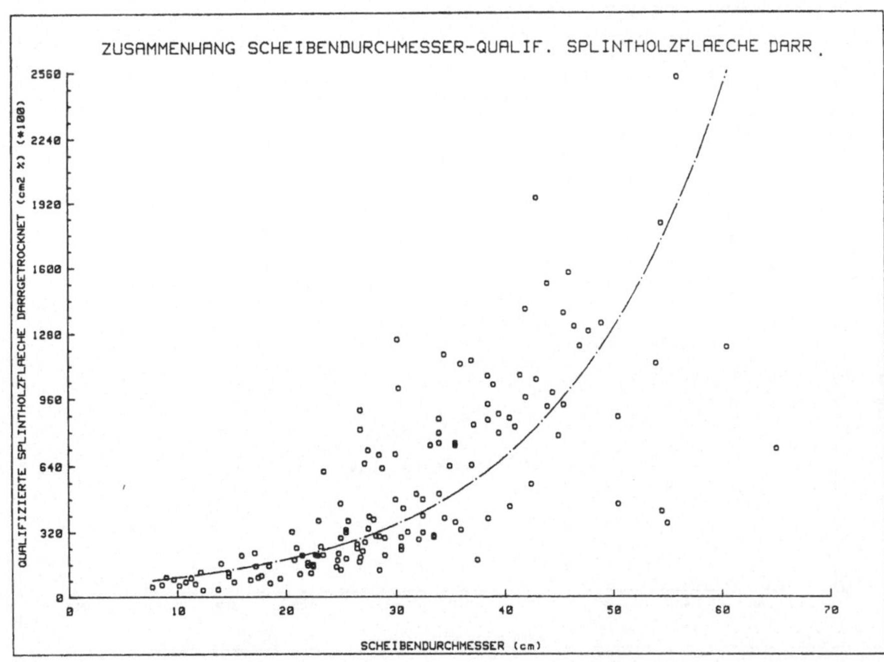

Bild 3.8: Zusammenhang zwischen dem Scheibendurchmesser und der qualifizierten Splintholzfläche aus der Darrtrocknung. Punkteschar und Regressionslinie (N = 139).

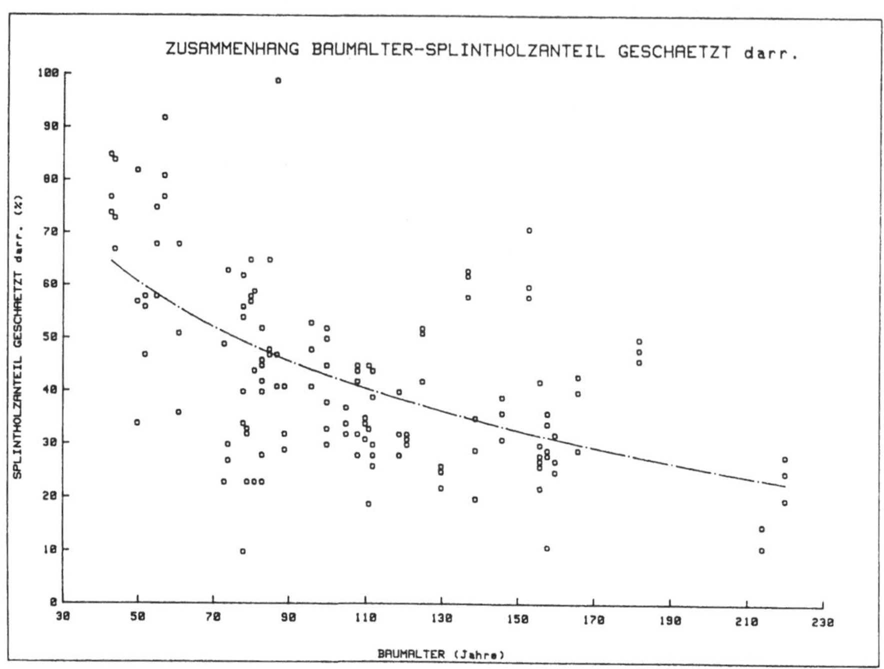

Bild 3.9: Zusammenhang zwischen dem Baumalter und dem Splintholzanteil aus der Darrtrocknung. Punkteschar und Regressionslinie (N = 139).

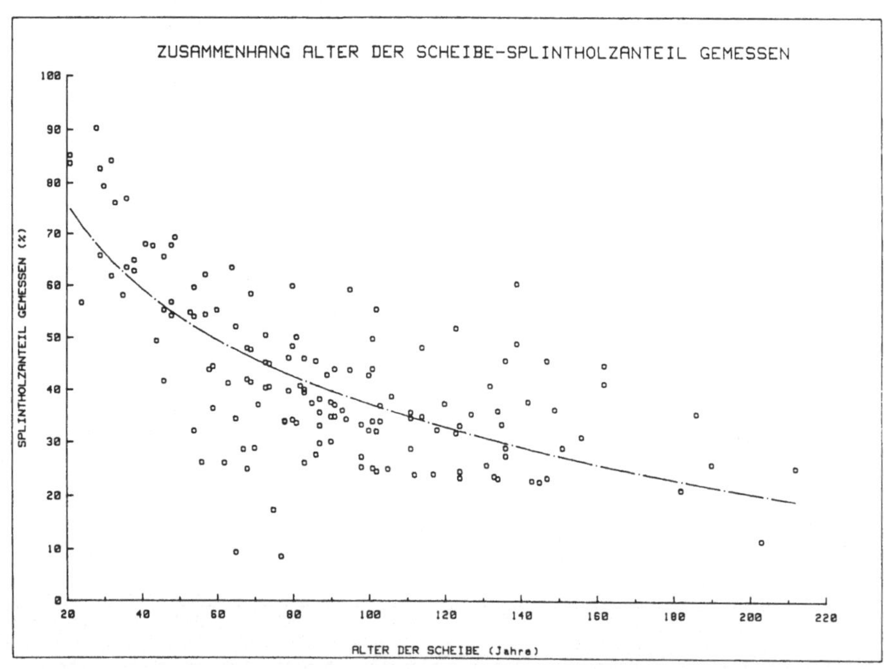

Bild 3.10: Zusammenhang zwischen dem Alter der Scheibe und dem Splintholzanteil aus der visuellen Erfassung. Punkteschar und Regressionslinie (N = 147).

Eine vereinfachte Uebersicht der in den Tabellen 3.3a, 3.3b und 3.3c dargestellten Zusammenhänge, geordnet nach den Splintholzmerkmalen, enthält die Tabelle 3.4.

Tabelle 3.4: Zusammenhang zwischen den Splintholzmerkmalen und den Baum- und Probencharakteristiken

SPLINTHOLZMERKMAL Baum- oder Probencharakteristikum	Art	ZUSAMMENHANG Bestimmtheitsmass (%)
SPLINTHOLZBREITE		
soziologische Stellung	+	39 – 43
Scheibendurchmesser	+	21 – 27
Nadelverlust	–	12
Baumalter	0	
Alter der Scheibe	0	
vertikale Position im Baum	0	
SPLINTHOLZANTEIL		
vertikale Position im Baum	+	4 – 10
Alter der Scheibe	–	46 – 52
Baumalter	–	34
Scheibendurchmesser	–	11 – 27
Nadelverlust	–	22 – 23
soziologische Stellung	0	
WASSERGEHALT		
soziologische Stellung	+	22 – 45
Scheibendurchmesser	+	16 – 24
Nadelverlust	–	2 – 12
Baumalter	0	
Alter der Scheibe	0	
vertikale Position im Baum	0	
ELEKTRISCHE LEITFAEHIGKEIT		
soziologische Stellung	+	2 – 24
Scheibendurchmesser	+	2 – 12
Nadelverlust	–	5 – 20
Baumalter	–	2 – 8
Alter der Scheibe	–	1 – 5
vertikale Position im Baum	0	
QUALIFIZIERTE SPLINTHOLZFLAECHE		
Scheibendurchmesser	+	40 – 68
soziologische Stellung	+	33 – 62
Alter der Scheibe	+	3 – 9
Baumalter	+	4 – 6
Nadelverlust	–	2 – 8
vertikale Position im Baum	0	
QUALIFIZIERTER SPLINTHOLZANTEIL		
soziologische Stellung	+	1 – 7
Alter der Scheibe	–	16 – 40
Baumalter	–	10 – 30
Nadelverlust	–	9 – 28
Scheibendurchmesser	–	3 – 7
vertikale Position im Baum	0	

+ = Zusammenhang direkt proportional
– = Zusammenhang indirekt proportional
0 = Zusammenhang statistisch nicht gesichert

60

Legende zur Bildtafel 1.
Anordnung der Bilder:

11	12
13	14
15	16
17	18

3.11: Form und Grösse einer Stammholzprobe für die kernspintomographische Untersuchung. Das Bohrloch (Pfeil) wurde für die Referenzlösung angefertigt.

3.12: VITAMAT, Einrichtung zur Messung des elektrischen Widerstandes im Holz stehender Bäume, bestehend aus der Nadelsonde und dem Mess- und Registriergerät.

3.13: Fichte FIN 10, herrschend, Nadelverlust 0%, Alter 44 Jahre, Nordradius aus 7 m Höhe, NMR-Aufnahme. Breite Jahrringe und breiter Splintholzbereich. Seitliche Begrenzung des Messbereiches (Pfeile).

3.14: Fichte FIN 21, beherrscht, Nadelverlust 65%, Alter 89 Jahre, Nordradius aus 7 m Höhe, NMR-Aufnahme. Schmale Jahrringe und schmale sowie ungleichmässige Splintholzzone.

3.15: Fichte FIS 66, beherrscht, Nadelverlust 10%, Alter 158 Jahre, Stammabschnitt aus 27 m Höhe, NMR-Aufnahme. Trotz relativ schmaler Jahrringe eine breite Splintholzzone mit gleichmässiger Wasserverteilung. Bohrloch (B) für die Referenzlösung.

3.16: Fichte FIS 64, herrschend, Nadelverlust 60%, Alter 214 Jahre, Stammabschnitt aus 38 m Höhe, NMR-Aufnahme. Schmale und ungleichmässige Splintholzzone mit extrem schmalen Jahrringen.

3.17: Fichte FIN 13, herrschend, Nadelverlust 30%, Alter 61 Jahre, Nordradius aus 16 m Höhe, NMR-Aufnahme. Abnahme der Jahrringbreite verbunden mit unregelmässiger Wasserverteilung im Splintholzbereich.

3.18: Fichte FIN 33, beherrscht, Nadelverlust 30%, Alter 139 Jahre, Stammabschnitt aus 31 m Höhe, NMR-Aufnahme. Schmale Jahrringe, relativ schmale Splintholzzone und deutliche Unregelmässigkeiten in der Wasserverteilung. Dichteprofil der Wasserstoffatomkerne.

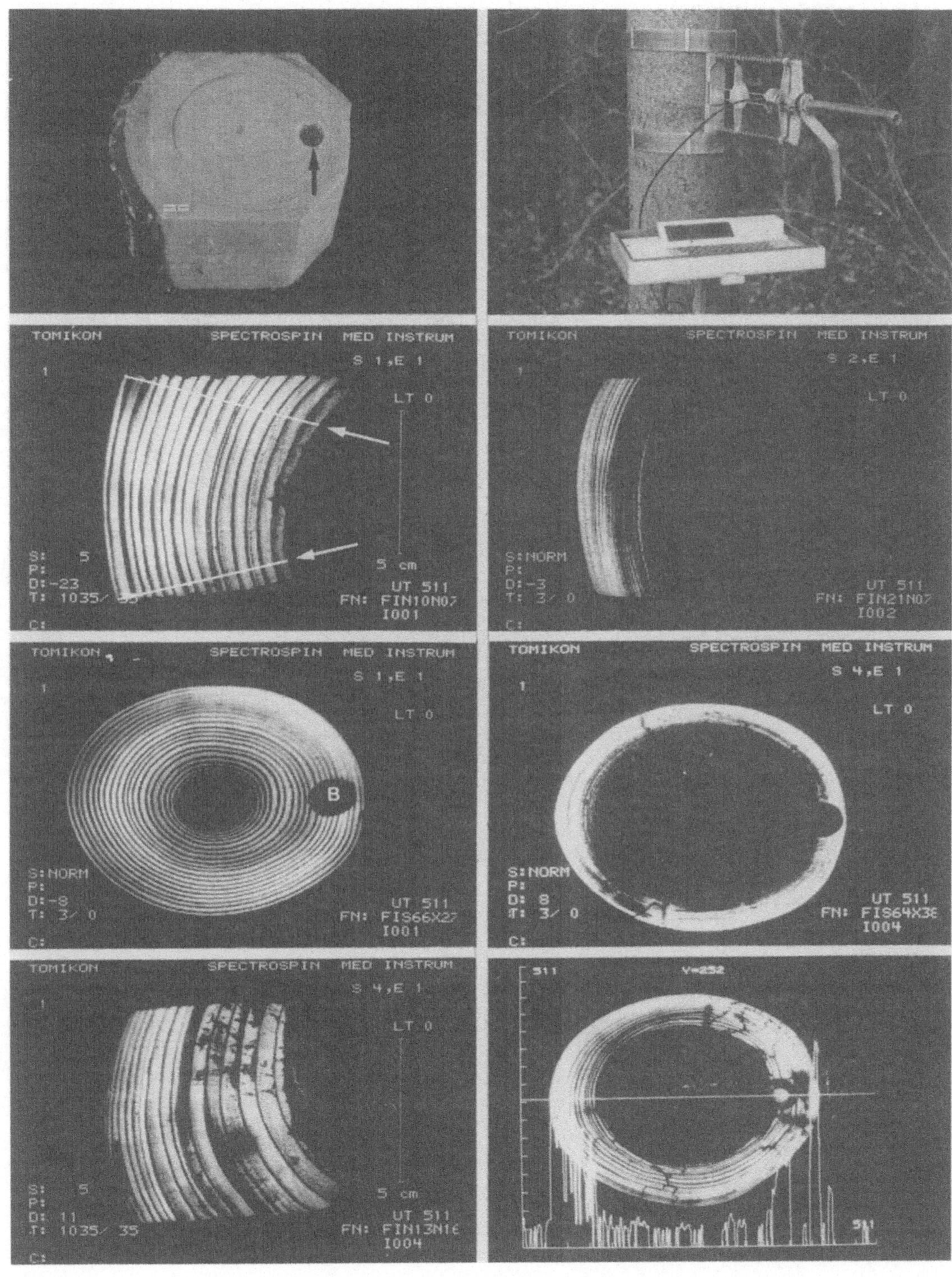
TOMIKON	SPECTROSPIN	MED INSTRUM
S 1,E 1
LT 0
1
S:	5
P:
D:-23
T: 1035/ 35
5 cm
UT 511
FN: FIN10N07
I001
C:
TOMIKON	SPECTROSPIN	MED INSTRUM
S 2,E 1
LT 0
1
S:NORM
P:
D:-3
T: 3/ 0
UT 511
FN: FIN21N07
I002
C:
TOMIKON	SPECTROSPIN	MED INSTRUM
S 1,E 1
LT 0
1
B
S:NORM
P:
D:-8
T: 3/ 0
UT 511
FN: FIS66X27
I001
C:
TOMIKON	SPECTROSPIN	MED INSTRUM
S 4,E 1
LT 0
1
S:NORM
P:
D: 8
T: 3/ 0
UT 511
FN: FIS64X38
I004
C:
TOMIKON	SPECTROSPIN	MED INSTRUM
S 4,E 1
LT 0
1
S:	5
P:
D: 11
T: 1035/ 35
5 cm
UT 511
FN: FIN13N16
I004
C:
511	Y=252
511
511

Legende zur Bildtafel 2.
Anordnung der Bilder:

19	20
21	22
23	24
25	26

3.19: Fichte FIN 23, herrschend, Nadelverlust 10%, Alter 125 Jahre, Nordradius aus 2 m Höhe, NMR-Aufnahme. Unregelmässiger Verlauf der Splintholz/Kernholz-Grenze.

3.20: Fichte FIS 56, beherrscht, Nadelverlust 10%, Alter 78 Jahre, Nordradius aus 1 m Höhe, NMR-Aufnahme. Deutliche Störung der Wasserverteilung in der relativ breiten Splintholzzone.

3.21: Fichte FIS 58, beherrscht, Nadelverlust 65%, Alter 74 Jahre, Wurzelproben, NMR-Aufnahme. Ungleichmässige Wasserverteilung und schmale Splintholzbereiche.

3.22: Fichte FIS 58, beherrscht, Nadelverlust 65%, Alter 74 Jahre, Astproben, NMR-Aufnahme. Schmale und ungleichmässige Splintholzzonen.

3.23: Fichte FIS 51, herrschend, Nadelverlust 5%, Alter 108 Jahre, Wurzelproben, NMR-Aufnahme. Breite Splintholzbereiche mit guter Wasserversorgung.

3.24: Fichte FIS 63, herrschend, Nadelverlust 10%, Alter 182 Jahre, Astproben, NMR-Aufnahme. Schmale und ungleichmässige Splintholzzonen.

3.25: Fichte FIS 57, beherrscht, Nadelverlust 5%, Alter 87 Jahre, Stammabschnitt aus 12 m Höhe, NMR-Aufnahme. Störung der Wasserverteilung im Zusammenhang mit einem Astquirl.

3.26: Fichte FIN 20, beherrscht, Nadelverlust 30%, Alter 52 Jahre, Nordradius aus 12 m Höhe, NMR-Aufnahme. Schmale Splintholzzone und schmale bis sehr schmale Jahrringe. Harztasche (Pfeil).

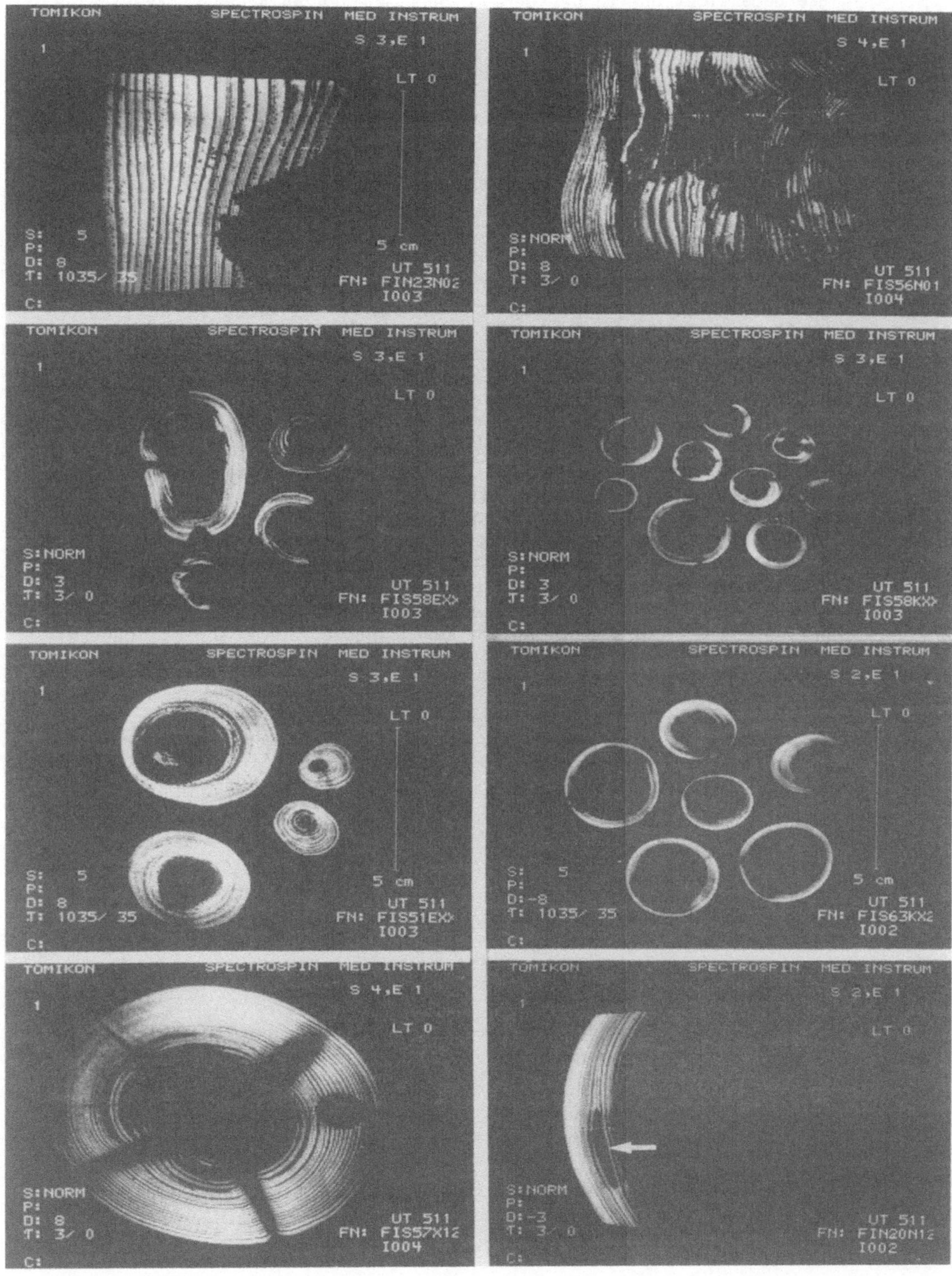

64

Diese Uebersicht dürfte bei der Planung ähnlich gelagerter Untersuchungen von Nutzen sein. Bei den "unabhängigen Variablen" ist es die vertikale Position im Baumkörper, die ausser dem Splintholzanteil mit keinem weiteren Splintholzmerkmal korreliert ist.

B. Qualitative Ergebnisse

Die einzigen qualitativen Ergebnisse lieferte in der vorliegenden Untersuchung die Kernspintomographie. Die quantitativen Zusammenhänge zwischen dem Gesundheitszustand des Baumes, der Breite peripherer Jahrringe, der Splintholzbreite und dem Wassergehalt des Splintholzes sind in den Bildern 3.13 - 3.16 mit einigen Beispielen veranschaulicht. Klar erkennbar sind in diesen Bildern die einzelnen Jahrringe als Folge unterschiedlicher Wasserführung im Früh- und Spätholz. Bild 3.17 zeigt die Abnahme der Jahrringbreiten und Unregelmässigkeiten in der Wasserversorgung im Stamm einer kranken Fichte. Die Fichte im Bild 3.18 zeigt ebenfalls Störungen in der Wasserführung, verbunden mit schmalen Jahrringen und reduzierter Splintholzzone. Die Frühstadien der Erkrankung sind in den unteren Stammbereichen als Unregelmässigkeiten in der Wasserverteilung und/oder im Verlauf der Splintholz/Kernholz-Grenze zu erkennen (Bilder 3.19 und 3.20). Vergleicht man das Ast- und Wurzelholz gesunder und kranker Fichten (Bilder 3.21 - 3.24), dann zeigt es sich deutlich, dass die Erkrankung mit Veränderungen im Wasserhaushalt der Wurzel (Breite der wasserführenden Zone, Wassergehalt) einhergeht, während das Astholz kaum betroffen ist. Diese Beobachtung weist darauf hin, dass die Erkrankung der Fichte mit der Wasseraufnahme durch die Wurzeln korreliert ist. Bild 3.25 zeigt den Einfluss eines Astquirles auf die Wasserverteilung im Querschnitt und belegt mit Bild 3.26 (Harztasche) die Möglichkeiten der Kernspintomographie für die Darstellung verborgener Holzmerkmale.

65

C. Methodische Ergebnisse

Die in der Tabelle 3.3 dargestellten vielfältigen Zusammenhänge belegen nicht nur die Richtigkeit der Wahl der untersuchten Baum-, Proben- und Splintholzmerkmale, sondern auch die Zweckmässigkeit der verwendeten Methoden. Verschiedene Splintholzmerkmale wurden mit mehr als einer Methode erfasst, wodurch ein Vergleich der Methoden über die erzielten Messergebnisse ermöglicht wurde. Tabelle 3.5 enthält einen korrelationsstatistischen Vergleich ähnlicher oder gleicher Splintholzmerkmale, gemessen mit verschiedenen Methoden. Die hohen Korrelationen zwischen den Splintholzbreiten- und Splintholzanteil-Werten belegen die gute Uebereinstimmung der visuellen Erfassung mit der Darrtrocknung; Bild 3.27 zeigt den Zusammenhang zwischen den Splintholzanteil-Werten. Die hier ermittelte Korrelation (r = 0,89) bestätigt ein ähnliches Ergebnis von ARNOLD, SCHNELL und SELL (1986; r = 0,79). Aber auch die Werte der qualifizierten Splintholzfläche und des qualifizierten Splintholzanteiles weisen beachtliche Korrelationen auf, besonders wenn man berücksichtigt, dass es sich hier um verwandte, nicht jedoch völlig identische Messargumente handelt. Bild 3.28 veranschaulicht einen der letztgenannten Zusammenhänge.

Tabelle 3.5: Uebersicht der geprüften methodischen Vergleiche von Splintholzmerkmalen

SPLINTHOLZMERKMAL Vergleich (Methoden)	ZUSAMMENHANG (Parameter)				
	N	r	B	Sig.	Typ
SPLINTHOLZBREITE					
Nord visuell – mittlere visuell	147	0,93	87	***	+lin.
Nord visuell – Nord Darrtrocknung	141	0,97	93	***	+lin.
mittlere visuell – Nord Darrtrocknung	141	0,92	85	***	+lin.
SPLINTHOLZANTEIL					
gemessen visuell – geschätzt Darrtrocknung	139	0,89	79	***	+lin.
QUALIFIZIERTE SPLINTHOLZFLAECHE					
Darrtrocknung – VITAMAT	115	0,75	56	***	+lin.
Darrtrocknung – NMR	136	0.67	44	***	+lin.
VITAMAT – NMR	113	0,61	37	***	+lin.
QUALIFIZIERTER SPLINTHOLZANTEIL					
Darrtrocknung – VITAMAT	115	0,60	36	***	+lin.
Darrtrocknung – NMR	136	0,56	31	***	+lin.
VITAMAT – NMR	113	0,29	9	**	poly.

N   = Anzahl Messungen
r   = Korrelationskoeffizient
B   = Bestimmtheitsmass (%)
Sig. = Signifikanz (Symbole siehe Tabelle 3.3a)
Typ = Regressionstypus (Abkürzungen siehe Tabelle 3.3a)

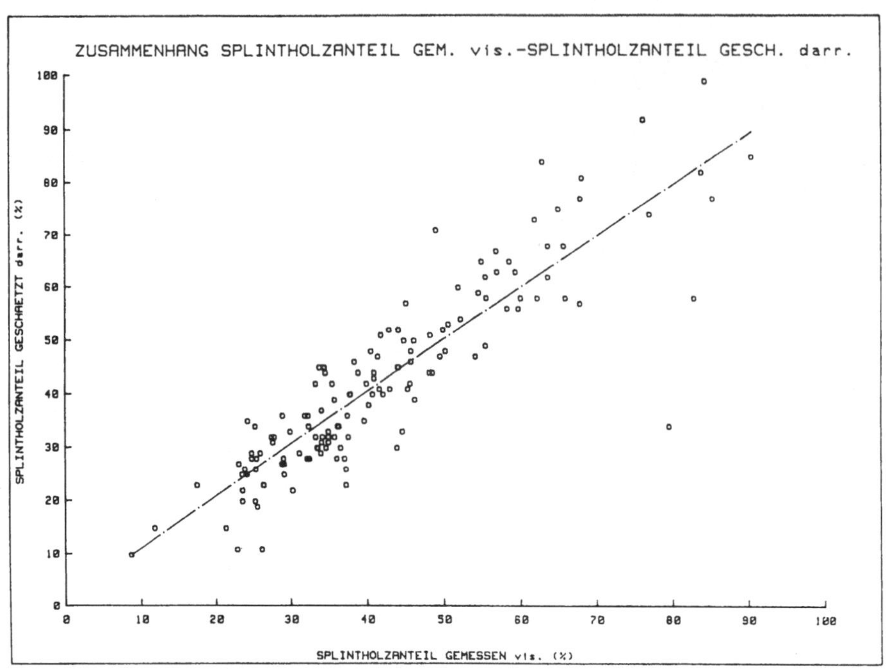

Bild 3.27: Zusammenhang zwischen den Splintholzanteil-Werten aus der visuellen Erfassung und aus der Darrtrocknung. Punkteschar und Regressionslinie (N = 139).

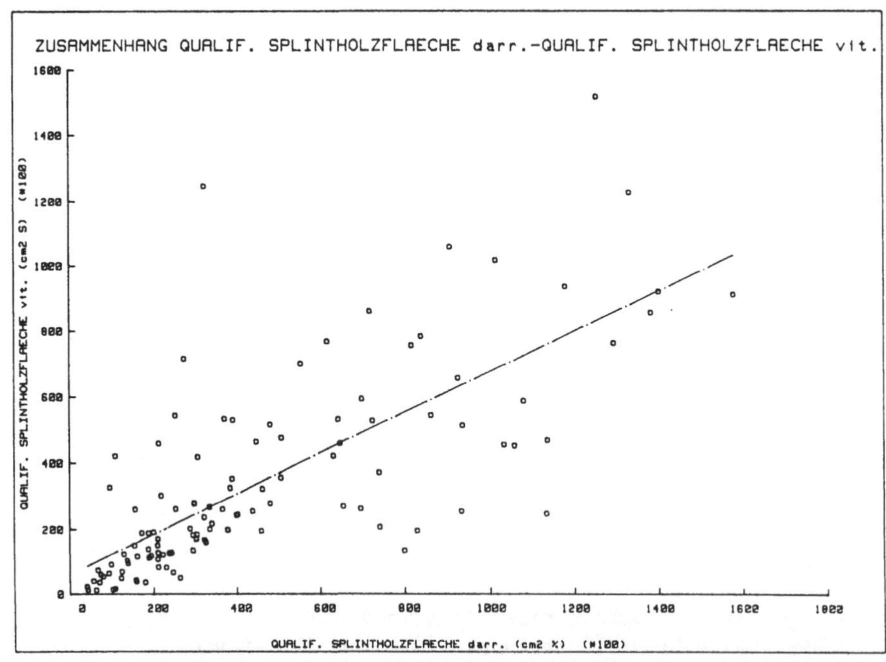

Bild 3.28: Zusammenhang zwischen den Werten der qualifizierten Splintholzfläche aus der Darrtrocknung und aus der Messung der elektrischen Leitfähigkeit. Punkteschar und Regressionslinie (N = 115).

Die Vor- und Nachteile der verwendeten Methoden können im Sinne einer Planungshilfe für künftige Untersuchungen wie folgt zusammengefasst werden:

visuelle Erfassung

Vorteile: einfach, schnell, billig, präzis
Nachteile: destruktive Probenentnahme; keine Angaben über den Wassergehalt und die Wasserverteilung im Splintholz

Darrtrocknung

Vorteile: einfach, präzis
Nachteile: langsam, arbeitsintensiv, destruktive Probenentnahme, Beeinträchtigung der Proben durch die Behandlung; nur rudimentäre Angaben über die Wasserverteilung im Splintholz

Messung der elektrischen Leitfähigkeit

Vorteile: einfach, schnell, nahezu nichtdestruktiv, wiederholbar am gleichen Objekt
Nachteile: die Festlegung der Splintholz/Kernholz-Grenze nicht immer einwandfrei möglich; das Messergebnis wird durch die Ionen-Konzentration im Xylemwasser beeinflusst (evtl. Vorteil?)

Kernspintomographie

Vorteile: schnell, grosse Informationsdichte (ca. 10^4 x mehr Daten als durch die Darrtrocknung, resp. ca. 10^3 x mehr Daten als durch die Messung der elektrischen Leitfähigkeit am gleichen Objekt), dreidimensionales Bild der Wasserverteilung (einzige Methode!)
Nachteile: kostspielig, destruktive Probenentnahme, Restprobleme bei der Quantifizierung von Messergebnissen

68

3.3 Diskussion

Die <u>Splintholzmerkmale</u> der untersuchten Fichten zeigen eine starke
Variabilität, welche sich aus den Veränderungen der ausgewählten Baum-
und Probencharakteristiken weitgehend erklären lässt. Damit sind die
Splintholzmerkmale – zusammen mit der Jahrringbreite – korreliert mit
der Baumvitalität, welche ihrerseits durch exogene (Standort, Klima,
Umwelt) und endogene (Alter) Einflüsse gesteuert wird. In dieser
Untersuchung wurden Zusammenhänge zwischen den Splintholzmerkmalen
einerseits und dem Nadelverlust, der soziologischen Stellung und dem
Baumalter andererseits aufgezeigt. Angaben über klimatische und
jahreszeitliche Einflüsse findet man teilweise in der Literatur (LANGNER
1932; BURMESTER 1980). Es scheint notwendig, diese Zusammenhänge zu
ergänzen (Standort) und an möglichst vielen und verschiedenen Beispielen
zu quantifizieren, damit die Splintholzmerkmale im Sinne von <u>Indikatoren</u>
<u>der Baumvitalität</u> angewendet werden können. Diesem Zweck dient auch die
Entwicklung von neuen Methoden, welche entweder zerstörungsarm sind
(elektrische Widerstandsmessung) oder eine besonders umfassende
Information liefern (Kernspintomographie).

Die bisherigen Untersuchungen an Fichte bestätigen den negativen Zusam-
menhang zwischen dem Nadelverlust und der Breite und dem Anteil des
Splintholzes (FRÜHWALD, BAUCH und GÖTTSCHE-KÜHN 1984; RADEMACHER, BAUCH
und PULS 1986; SCHNELL, ARNOLD und SELL 1987). Das Ausmass der Abnahme
wird in diesen Arbeiten je nach Gesundheitszustand der untersuchten
Bäume mit 20% – 50% angegeben. Aehnliche Ergebnisse wurden für die
Holzarten Tanne (SCHNELL, ARNOLD und SELL 1987), Föhre (HAPLA 1986a;
FRÜHWALD et al. 1986; HAPLA, KNIGGE und ROMMERSKIRCHEN 1987) und weitere
Holzarten publiziert. Weniger einheitlich ist die Situation hinsichtlich
Wassergehalt. Eine Abnahme des Wassergehaltes im Zusammenhang mit dem
Nadelverlust wird berichtet für das Splintholz der Fichte (FRÜHWALD,
BAUCH und GÖTTSCHE-KÜHN 1984; RADEMACHER, BAUCH und PULS 1986), die
Tanne (SHORTLE und BAUCH 1986) und die Föhre (HAPLA 1986b; FRÜHWALD et
al. 1986; SCHULZ 1986). Dagegen fanden SCHNELL, ARNOLD und SELL (1987)
keine Unterschiede im Wassergehalt des Splintholzes gesunder und kranker
Fichten und Tannen. Unsere Ergebnisse zeigen einen Unterschied, jedoch
von bescheidenem Ausmass. Die unterschiedlichen Ergebnisse sind
möglicherweise auf die starken jahreszeitbedingten Schwankungen des
Wassergehaltes (SCHULZ 1986) zurückzuführen, oder auf den Umstand, dass
insbesondere stark erkrankte Fichten (Nadelverlust über 70%) deutlich
fallende Feuchtegehalte im Splintholz aufweisen (GRAMMEL et al. 1986).
In unserer Untersuchung (und möglicherweise auch in jener von SCHNELL,
ARNOLD und SELL 1987) fehlten die Versuchsbäume von diesem
Schädigungsgrad. Jedenfalls wurde von STRACK und UNGER (1986)
experimentell bewiesen, dass die Wasserleitung im Holz kranker Fichten
hinsichtlich Flusswege und Geschwindigkeit gestört ist.

<u>FAZIT:</u> Die <u>Splintholzmerkmale</u> zeigen vielfältige Zusammenhänge mit den
ausgewählten Baum- und Probencharakteristiken. Die soziologische Stellung und der Scheibendurchmesser sind positiv, der Nadelverlust und das
Alter des Baumes resp. der Scheibe negativ mit den Splintholzmerkmalen
korreliert.

4. TRACHEIDENLAENGE

Die Länge der faserförmigen Zellen ist vor allem bestimmend für die
erzielbare Zellstoffqualität. Da die letztgebildeten 10 - 25 Jahrringe
in den Seitenwarenbereich (Schwarten und Spreisseln) fallen, werden die
darin enthaltenen Tracheiden zum erheblichen Teil zur Zellstoffgewinnung
herangezogen. Je schmaler die Jahrringe sind, umso grösser ist die
Anzahl, die in den Seitenwarenbereich fällt. Wir haben in vielen Fällen
in der letztgebildeten 1 cm breiten Holzschicht 20 - 50 Jahrringe ge-
zählt; im Maximum waren es gar deren 63. Dies zeigt, dass die schmalen
Jahrringe mit erhöhter Häufigkeit als Rohstoff für die Zellstoffgewinnung anfallen. Daher ist es bedeutsam festzustellen, ob und in welchem
Sinne eine Veränderung der Tracheidenlängen erfolgt.

4.1 Material und Methoden

Das Untersuchungsmaterial wurde bei allen 49 Bäumen aus den vertikalen
Positionen 2 m und 12 m gewonnen. In den 5 cm dicken Holzscheiben
wurden am Nordradius jeweils 2 Positionen bestimmt; eine äussere in
unmittelbarer Kambiumnähe und eine innere, welche je nach Zuwachs
(Jahrringbreiten) 1, 2 oder 4 cm vom Kambium entfernt bestimmt wurde.
Von diesen Stellen wurden Klötzchen von 1 cm² Querfläche und 1,5 cm
Länge herausgesägt und kurz im Wasser gekocht. Anschliessend wurden aus
jedem Klötzchen ca. 8 tangential orientierte Mikrotomschnitte von 120 µm
Dicke gewonnen. Dabei wurde das Alter und die Breite des Jahrringes, aus
dem die Schnitte stammten, registriert. Die Schnitte stammten aus der
Mitte eines Jahrringes. Bei schmalen Jahrringen (Jahrringbreiten weniger
als 1 mm, im Extremfall 0,05 mm) mussten mehrere Jahrringe (2-6)
herangezogen werden. In solchen Fällen wurde die mittlere Jahrringbreite
und auch ein mittleres Kambiumalter angenommen. Die Schnitte wurden in
Franklin'schem Gemisch (30%-iges Wasserstoffperoxid/Eisessig 1:1) ca. 2
- 3 Stunden mazeriert, das mazerierte Gewebe mit Astrablau gefärbt und
im Euparal eingeschlossen. Nach einer Trocknungszeit von ca. 2 Wochen
bei 55°C wurden die Mazerate in einer halbautomatischen Messanlage,
bestehend aus Digitalisiergerät und Kleinrechner, untersucht. Dabei
wurden je Position im Baum 100 Tracheidenlängen gemessen. Dies ergab für
49 Bäume, je 2 horizontale und 2 vertikale Messstellen, ein Total von
19600 gemessenen Tracheiden.
Die Auswertung erfolgte nach den im Abschnitt 1.3 beschriebenen
Grundsätzen. Hinzu kamen paarweise Vergleiche und auf Verhältniszahlen
basierende Korrelationsrechnungen.

4.2 Ergebnisse

Die mittleren Tracheidenlängen und die jeweiligen Vertrauensgrenzen (P = 95%) sind in der Tabelle 4.1 wiedergegeben. Diese Tabelle enthält alle für das Kapitel 4 relevanten Daten, wie Nadelverlust der Versuchsbäume, das Kambiumalter und die Breite der untersuchten Jahrringe. Tabelle 4.2 enthält einige Grenzwerte, so z.B. die kürzeste (975 µm) und längste (8378 µm) gemessene Tracheide. Ferner zeigt sie, dass alle 196 Stichproben statistisch gesichert sind: der maximale Probenumfang für P = 95% betrug 31, während stets 100 Tracheiden gemessen wurden. Dies hat es uns ermöglicht, die folgenden Auswertungen (mit Ausnahme des Bildes 4.1) auf den Mittelwerten zu basieren. Bild 4.1 zeigt die Häufigkeitsverteilung der gemessenen Tracheidenlängen, wobei die Messwerte in 500 µm Klassen eingeteilt wurden. In den Tabellen 4.3a und 4.3b sind die Messergebnisse nach verschiedenen Sortierkriterien zusammengetragen. Die korrespondierenden Gruppen wurden miteinander verglichen, das Ergebnis zeigen die Tabellen 4.4a und 4.4b. Die Unterschiede zwischen den beiden Standorten, zwischen Bäumen verschiedener soziologischer Stellung, zwischen verschiedenen vertikalen und horizontalen Positionen erwiesen sich allesamt als statistisch sehr hoch signifikant, hingegen ist die Länge der Tracheiden aus gesunden und kranken Bäumen praktisch identisch. Die Tracheidenlänge aus dem Standort Neuendorf übertrifft jene von Ste Croix, dies obschon die Versuchsbäume von Ste Croix älter sind (vgl. Tabellen 2.4 und 4.5). Eine Erklärung ist hier bestimmt die unterschiedliche Güte der Standorte. Die herrschenden Bäume bilden längere Tracheiden aus als die beherrschten; eine Tatsache, die bisher nicht bekannt war. Die längsten Faserzellen findet man im Baum in einer bestimmten Höhe, die zur Baumhöhe proportional ist. Insofern überrascht nicht, dass die mittlere Tracheidenlänge aus 12 m Höhe jene aus 2 m Höhe übertrifft. Schliesslich sind die Tracheiden aus der kambiumnahen Position durchschnittlich länger als jene aus der Position stammeinwärts. Dies ist auf den noch zu diskutierenden Zusammenhang Kambiumalter - Tracheidenlänge zurückzuführen. Das Kambiumalter der untersuchten Jahrringe variierte zwischen 7 und 209, und der Altersunterschied der Positionen "aussen" und "innen" zwischen 4 und 81. Bild 4.2 enthält eine entsprechende Häufigkeitsverteilung, in welcher das Kambiumalter der untersuchten Jahrringe in 30er Klassen aufgezeichnet ist. Die Breite der untersuchten Jahrringe variierte zwischen 0,1 mm und 6,1 mm, wobei das Minimum einen Mittelwert aus mehreren Jahrringen darstellt, da für die Mazeration mehrere 120 µm dicke Tangentialschnitte benötigt wurden, (6 Jahrringe bei FIN 31 Position 12A resp. 4 Jahrringe bei FIN 32 Position 02A). Bild 4.3 stellt eine Häufigkeitsverteilung der Breiten der untersuchten Jahrringe dar. Bedeutsam ist die relativ gute Uebereinstimmung dieser Häufigkeitsverteilung mit jenen aus dem Bild 2.8, womit eine gute Vertretung verschieden breiter Jahrringe belegt wird.

Im Rahmen einer korrelationsstatistischen Analyse wurden die Zusammenhänge zwischen den Variablen Nadelverlust und Kambiumalter auf der einen Seite und Tracheidenlänge und Jahrringbreite auf der anderen Seite überprüft. Dabei wurden sowohl die Gesamtdaten als auch Kategorien nach Standorten, soziologischer Stellung der Bäume, vertikaler und horizontaler Position im Baum untersucht. Die 5 geprüften Zusammenhänge ergaben die nachfolgenden Ergebnisse.

Tabelle 4.1a: TRACHEIDENLAENGEN DER VERSUCHSBAEUME

Standort Neuendorf SO

Nr.	Be-zeich-nung	Soziolog. Stellung her/beh*	Nadel-verlust %	Höhe im Baum m	Position A=aussen I=innen	Kam-bium-alter **	Jahr-ring-breite mm	Mittlere Tracheiden-länge mit ±95% VG µm	
1	FIN 10	her	0	02	A	38	3.35	3145 ±	106
2					I	34	4.25	3483	114
3				12	A	24	2.15	3946	166
4					I	18	3.00	3760	132
5	FIN 11	her	0	02	A	48	3.30	3576	157
6					I	42	3.30	3294	145
7				12	A	33	3.20	3127	123
8					I	27	2.70	3662	146
9	FIN 12	her	5	02	A	101	2.30	4368	194
10					I	83	1.70	3821	180
11				12	A	79	1.40	3814	148
12					I	45	1.15	3746	147
13	FIN 13	her	30	02	A	54	1.40	4158	129
14					I	45	1.60	3343	120
15				12	A	35	0.85	3558	148
16					I	24	2.50	3721	124
17	FIN 14	her	35	02	A	78	0.71	3702	175
18					I	64	2.00	3515	146
19				12	A	60	0.83	3783	161
20					I	43	1.30	3410	171
21	FIN 15	her	40	02	A	88	0.75	4225	176
22					I	72	2.75	4400	142
23				12	A	72	0.70	4659	196
24					I	49	1.75	4297	142
25	FIN 16	beh	5	02	A	35	0.41	3351	118
26					I	17	1.45	2901	107
27				12	A	20	0.48	3492	110
28					I	7	3.20	2495	83
29	FIN 17	beh	0	02	A	46	1.30	3893	126
30					I	28	1.40	3640	129
31				12	A	28	1.12	3894	145
32					I	13	1.00	3841	139
33	FIN 18	beh	5	02	A	100	1.25	3719	151
34					I	42	0.58	3510	126
35				12	A	90	1.26	4023	141
36					I	28	1.50	3505	114
37	FIN 19	beh	15	02	A	42	0.47	3573	123
38					I	21	0.75	3080	114
39				12	A	21	0.80	3176	123
40					I	11	1.80	3265	101
41	FIN 20	beh	30	02	A	44	1.50	4121	132
42					I	33	3.20	3921	111
43				12	A	29	0.80	4191	139
44					I	15	3.50	3357	98
45	FIN 21	beh	65	02	A	83	0.22	3707	154
46					I	41	1.60	3434	126
47				12	A	66	0.23	4163	176
48					I	31	1.00	3831	146
49	FIN 22	her	0	02	A	82	1.10	4720	133
50					I	59	1.30	4412	156

* herrschend/beherrscht
** Kambiumalter des untersuchten Jahrringes

Tabelle 4.1b: TRACHEIDENLAENGEN DER VERSUCHSBAEUME

Standort Neuendorf SO

Nr.	Be- zeich- nung	Soziolog. Stellung her/ beh*	Nadel- verlust %	Höhe im Baum m	Position A=aussen I=innen	Kam- bium- alter **	Jahr- ring- breite mm	Mittlere Tracheiden- länge mit ±95% VG µm	
51	FIN 22	her	0	12	A	81	1.05	5191	± 157
52					I	71	1.35	4218	190
53	FIN 23	her	10	02	A	114	6.10	3093	117
54					I	106	6.00	3312	104
55				12	A	86	1.45	4496	170
56					I	64	1.95	4491	147
57	FIN 24	her	10	02	A	147	2.05	3984	151
58					I	127	1.30	4764	203
59				12	A	127	1.30	4892	196
60					I	100	2.20	4957	160
61	FIN 25	her	35	02	A	103	1.00	4815	186
62					I	63	0.75	4072	146
63				12	A	84	0.52	4741	202
64					I	37	0.80	4524	155
65	FIN 26	her	45	02	A	110	0.68	4186	183
66					I	88	2.90	3887	151
67				12	A	86	0.33	4630	175
68					I	55	3.10	3807	184
69	FIN 27	her	35	02	A	142	0.55	4508	171
70					I	93	0.90	3908	131
71				12	A	117	0.21	4478	207
72					I	69	1.00	4614	145
73	FIN 28	beh	5	02	A	105	0.65	3631	166
74					I	60	1.07	3809	172
75				12	A	78	1.55	4116	177
76					I	30	1.25	4326	182
77	FIN 29	beh	10	02	A	97	0.90	3687	175
78					I	55	0.43	3708	163
79				12	A	82	0.65	4114	166
80					I	39	1.60	4063	171
81	FIN 30	beh	5	02	A	113	0.36	4240	139
82					I	69	0.18	4382	138
83				12	A	87	0.36	4351	143
84					I	40	0.51	4049	135
85	FIN 31	beh	30	02	A	99	0.21	4192	125
86					I	70	0.87	3772	149
87				12	A	85	0.10	3778	139
88					I	50	0.50	4069	137
89	FIN 32	beh	35	02	A	100	0.10	3963	152
90					I	60	1.20	3588	129
91				12	A	77	0.35	4346	202
92					I	27	1.70	4068	166
93	FIN 33	beh	30	02	A	130	0.21	3904	175
94					I	103	1.40	3778	151
95				12	A	103	0.20	4487	166
96					I	52	0.80	4199	157
97	FIN 34	beh	25	02	A	95	0.26	2695	148
98					I	54	1.30	3847	224
99				12	A	79	0.26	4046	234
100					I	39	1.50	3845	164

* herrschend/beherrscht
** Kambiumalter des untersuchten Jahrringes

Tabelle 4.1c: TRACHEIDENLAENGEN DER VERSUCHSBAEUME

Standort Ste Croix/Baulmes VD

Nr.	Be-zeich-nung	Soziolog. Stellung her/beh*	Nadel-verlust %	Höhe im Baum m	Position A=aussen I=innen	Kam-bium-alter **	Jahr-ring-breite mm	Mittlere Tracheiden-länge mit ±95% VG µm	
101	FIS 50	her	5	02	A	74	2.30	3627 ±	147
102					I	60	3.70	3491	158
103				12	A	57	1.85	4070	188
104					I	39	3.10	3765	156
105	FIS 51	her	5	02	A	94	1.05	3798	164
106					I	65	1.10	3512	132
107				12	A	67	0.67	4085	164
108					I	40	1.10	3610	132
109	FIS 52	her	55	02	A	76	0.36	3739	147
110					I	54	1.80	3571	118
111				12	A	57	0.21	4412	176
112					I	35	1.70	3895	137
113	FIS 53	her	45	02	A	74	0.33	3349	133
114					I	63	1.70	3293	107
115				12	A	54	0.31	3897	166
116					I	40	2.20	3430	154
117	FIS 54	her	60	02	A	73	0.70	3126	134
118					I	55	1.90	3226	129
119				12	A	52	1.07	3628	105
120					I	31	1.70	3407	101
121	FIS 55	beh	5	02	A	78	1.40	3167	173
122					I	40	1.10	3210	140
123				12	A	58	0.97	3807	139
124					I	20	0.95	3277	118
125	FIS 56	beh	10	02	A	73	0.36	3290	153
126					I	49	1.60	3215	132
127				12	A	53	0.30	3880	180
128					I	26	1.25	3579	125
129	FIS 57	beh	5	02	A	72	1.35	3513	156
130					I	31	1.40	3089	131
131				12	A	31	1.25	3117	142
132					I	13	1.60	2456	111
133	FIS 58	beh	65	02	A	66	0.66	2909	120
134					I	31	1.10	3010	133
135				12	A	47	0.66	3468	136
136					I	12	1.25	2891	101
137	FIS 59	beh	30	02	A	67	0.41	3066	136
138					I	40	0.95	2565	100
139				12	A	46	0.31	3578	152
140					I	22	1.40	2979	115
141	FIS 60	beh	45	02	A	64	0.60	2579	120
142					I	45	0.95	3057	119
143				12	A	44	0.63	3335	144
144					I	28	1.60	2985	124
145	FIS 61	her	10	02	A	136	1.15	3984	229
146					I	97	1.40	4601	147
147				12	A	111	1.00	4363	188
148					I	69	1.20	4503	172
149	FIS 62	her	10	02	A	156	1.20	3839	151
150					I	131	1.35	3682	169

* herrschend/beherrscht
** Kambiumalter des untersuchten Jahrringes

Tabelle 4.1d: TRACHEIDENLAENGEN DER VERSUCHSBAEUME

Standort Ste Croix/Baulmes VD

Nr.	Be-zeich-nung	Soziolog. Stellung her/ beh*	Nadel-verlust %	Höhe im Baum m	Position A=aussen I=innen	Kam-bium-alter **	Jahr-ring-breite mm	Mittlere Tracheiden-länge mit ±95% VG µm	
151	FIS 62	her	10	12	A	131	0.80	4565 ±	155
152					I	93	1.35	4335	181
153	FIS 63	her	10	02	A	161	1.10	4191	187
154					I	129	1.60	3506	139
155				12	A	135	1.00	4321	194
156					I	94	1.00	4272	158
157	FIS 64	her	60	02	A	202	1.05	4329	180
158					I	168	1.10	3948	180
159				12	A	181	0.50	4671	209
160					I	136	1.10	4282	190
161	FIS 65	beh	10	02	A	149	0.37	4228	134
162					I	77	0.70	3736	170
163				12	A	123	0.55	3969	156
164					I	42	0.65	3466	163
165	FIS 66	beh	10	02	A	148	0.90	3660	134
166					I	74	0.45	3801	128
167				12	A	119	0.75	3607	184
168					I	49	0.85	3735	155
169	FIS 70	her	10	02	A	94	1.70	3125	156
170					I	73	1.35	3210	164
171				12	A	63	1.30	3462	157
172					I	39	1.60	3158	150
173	FIS 71	her	50	02	A	138	1.52	3466	141
174					I	117	2.00	3287	158
175				12	A	101	1.30	3829	207
176					I	76	2.50	3675	156
177	FIS 72	her	55	02	A	144	0.25	3204	142
178					I	101	1.90	3850	198
179				12	A	107	0.53	4481	208
180					I	68	2.15	4121	166
181	FIS 73	beh	5	02	A	185	0.50	4069	176
182					I	110	0.45	3515	154
183				12	A	137	0.46	3522	142
184					I	86	0.75	3260	152
185	FIS 74	beh	50	02	A	209	0.22	3368	163
186					I	138	0.65	3098	118
187				12	A	121	0.39	3527	151
188					I	57	0.70	3165	116
189	FIS 75	beh	20	02	A	80	0.14	3641	119
190					I	58	0.70	3505	149
191				12	A	46	0.17	3297	129
192					I	26	1.05	3095	121
193	FIS 76	beh	40	02	A	109	0.80	3348	146
194					I	68	0.40	3865	157
195				12	A	86	0.13	3511	165
196					I	53	0.30	3753	133

* herrschend/beherrscht
** Kambiumalter des untersuchten Jahrringes

**Tabelle 4.2: Gesamtüberblick statistischer Grenzwerte
der Tracheidenlängen (N = 100)**

Kennwert	Min.	bei		Max.	bei	
Mittelwert	2456	FIS57	12I	5191	FIN22	12A
Variabilitätskoeff. der Einzelwerte (%)	14.1	FIN22	02A	29.3	FIN34	02I
Variabilitätskoeff. des Mittelwertes (%)	1.4	FIN22	02A	2.9	FIN34	02I
Probenumfang für 95% Wahrscheinlichkeit	8	FIN22	02A	31	FIN34	02I
Probenumfang für 99% Wahrscheinlichkeit	200	FIN22	02A	763	FIN34	02I
kleinster Wert	975	FIN34	02A	3059	FIN22	12A
grösster Wert	4161	FIN16	12I	8378	FIN23	12A

Tabelle 4.3a: Statistische Stichproben-Parameter: Tracheidenlänge

Parameter/Stichprobe	Standorte			Soziol.Stellg.		Höhe	
	N + S	N	S	her	beh	2 m	12 m
Anzahl Messungen	196	100	96	100	98	98	98
Mittelwert	3762	3924	3593	3942	3589	3655	3868
VI (P = 95%) ±	72	100	96	104	90	95	107
VK d.Mittelwertes %	0,98	1,28	1,34	1,32	1,27	1,31	1,39
MPU (P = 95%)	7	7	7	7	6	7	8
kleinster Wert	2456	2495	2456	3093	2456	2565	2456
grösster Wert	5919	5919	4617	5919	4487	4815	5191

VI = Vertrauensintervall
VK = Variabilitätskoeffizient
MPU = Mindestprobenumfang

Tabelle 4.3b: Statistische Stichproben-Parameter: Tracheidenlänge

Parameter/Stichprobe	Position		Gesundheits-zustand		Gesundheitszustand			
	in-nen	aus-sen	g	k	Position g/i	k/i	Position g/a	k/a
Anzahl Messungen	98	98	96	100	48	50	48	50
Mittelwert	3670	3854	3794	3730	3711	3630	3877	3831
VI (P = 95%) ±	100	104	104	102	156	131	139	157
VK d. Mittelwertes	1,37	1,35	1,38	1,38	2,09	1,79	1,79	2,04
MPU (P = 95%)	7	7	7	7	8	6	6	8
kleinster Wert	2456	2579	2456	4815	2456	2565	3093	2579
grösster Wert	4957	5191	5191	4815	4957	4614	5191	4815

Tabelle 4.4a: Vergleich der Tracheidenlängen in diversen Stichproben

Parameter/Vergleich	Standorte N/S	Soziol.Stellg. her/beh	Höhe[1] 2 m/12 m	Position[1] i/a
Tabellenwert F	1,39	1,39		
bei P(%)	95	95		
und FG	95/99	95/99		
Testwert F	1,13	1,26		
Signifikanz	–	–		
Tabellenwert t	3,29	3,29	3.51	3.51
bei P(%)	99,9	99,9	99,9	99,9
und FG	194	194	48	48
Testwert t	4,74	5,1	4,99	4,86
Signifikanz	***	***	***	***

[1] = Die Tracheidenlängen in den Gruppen Höhe und Position sind paarweise verglichen worden.

Tabelle 4.4b: Vergleich der Tracheidenlängen in diversen Stichproben

Parameter/Vergleich	Gesundheitszust. g/k	Gesundheitszustand Position i g/k	Position a g/k
Tabellenwert F	1,40	1,62	1,62
bei P (%)	95	95	95
und FG	99/95	49/47	47/49
Testwert F	1,01	1,37	1,37
Signifikanz	–	–	–
Tabellenwert t	1,96	1,99	1,99
bei P (%)	95	95	95
und FG	194	96	98
Testwert t	0,87	0,44	0,80
Signifikanz	–	–	–

1. Zusammenhang Nadelverlust - Tracheidenlänge

Ein Zusammenhang zwischen dem Nadelverlust und der Tracheidenlänge
besteht auf statistischer Ebene nicht (Tabellen 4.5a und 4.5b sowie Bild
4.4). Die ermittelten statistisch nicht gesicherten Bestimmtheitsmasse
betrugen je nach der untersuchten Datenkategorie 1% - 3%.

Tabelle 4.5a: Zusammenhang zwischen Nadelverlust und Tracheidenlänge

Parameter/Stichprobe	Standorte			Soziol.Stellung	
	N + S	N	S	her	beh
Korrelationskoeffizient	0,11	0,16	0,11	0,03	0,15
Bestimmtheitsmass (%)	1,23	2,44	1,13	0,084	2,23
Tabellenwert t	1,97	1,98	1,99	1,99	1,98
bei P (%)	95	95	95	95	95
und FG	194	98	94	94	98
Testwert t	1,56	1,56	1,03	0,28	1,49
Signifikanz	−	−	−	−	−
Regressionstypus	poly.	+exp.	−exp.	−exp.	−lin.
Tabellenwert F	3,04	3,94	3,94	3,94	3,94
bei P (%)	95	95	95	95	95
und FG	2/193	1/98	1/94	1/94	1/98
Testwert F	1,20	2,45	1,08	0,08	2,23
Signifikanz	−	−	−	−	−

Tabelle 4.5b: Zusammenhang zwischen Nadelverlust und Tracheidenlänge

Parameter/Stichprobe	Höhe		Position	
	2 m	12 m	innen	aussen
Korrelationskoeffizient	0,13	0,02	0,14	0,09
Bestimmtheitsmass (%)	1,80	0,034	1,84	0,83
Tabellenwert t	1,99	1,99	1,99	1,95
bei P (%)	95	95	95	95
und FG	96	96	96	96
Testwert t	1,32	0,19	1,35	0,90
Signifikanz	−	−	−	−
Regressionstypus	−exp.	+lin.	poly.	poly.
Tabellenwert F	3,94	3,94	3,09	2,70
bei P (%)	95	95	95	95
und FG	1/96	1/96	2/95	3/94
Testwert F	1,76	0,03	0,89	0,40
Signifikanz	−	−	−	−

2. Zusammenhang Kambiumalter - Tracheidenlänge

Zwischen dem Kambiumalter und der Tracheidenlänge besteht in sämtlichen
Datengruppen ein statistisch sehr hoch signifikanter positiver Zusammenhang; lediglich bei der Position "aussen" ist dieser Zusammenhang nur
hochsignifikant (Tabellen 4.6a und 4.6b). Im Bild 4.5 ist die logarith-
mische Regressionslinie und die Punkteschar aller Wertepaare dargestellt. Auch die übrigen Regressionslinien gehören zum logarithmischen
Typus. Die Bestimmtheitsmasse betrugen 10% - 41%. Bemerkenswert ist die
Uebereinstimmung beider Standorte. Der Einfluss des Kambiumalters ist
bei jungem Kambium höher als bei älterem: so weisen die Positionen 12 m
und "innen" die höheren Bestimmtheitsmasse aus als die Positionen 2 m
und "aussen".

Tabelle 4.6a: Zusammenhang zwischen Kambiumalter und Tracheidenlänge

Parameter/Stichprobe	Standorte			Soziol.Stellung	
	N + S	N	S	her	beh
Korrelationskoeffizient	0,43	0,52	0,53	0,36	0,39
Bestimmtheitsmass (%)	18,24	27,40	28,28	12,79	15,14
Tabellenwert t	3,34	3,39	3,40	3,40	3,39
bei P (%)	99,9	99,9	99,9	99,9	99,9
und FG	194	98	94	94	98
Testwert t	6,58	6,07	6,09	3,72	4,18
Signifikanz	***	***	***	***	***
Regressionstypus	+log.	+log.	+log.	+log.	+log.
Tabellenwert F	11,16	11,51	11,54	11,54	11,51
bei P (%)	99,9	99,9	99,9	99,9	99,9
und FG	1/194	1/98	1/94	1/94	1/98
Testwert F	43,27	36,98	37,06	13,79	17,48
Signifikanz	***	***	***	***	***

Tabelle 4.6b: Zusammenhang zwischen Kambiumalter und Tracheidenlänge

Parameter/Stichprobe	Höhe		Position	
	2 m	12 m	innen	aussen
Korrelationskoeffizient	0,39	0,64	0,47	0,31
Bestimmtheitsmass (%)	14,9	40,96	14,48	9,92
Tabellenwert t	3,39	3,39	3,39	2,63
bei P (%)	99,9	99,9	99,9	99
und FG	96	96	96	96
Testwert t	4,10	8,16	5,16	3,25
Signifikanz	***	***	***	**
Regressionstypus	+log.	+log.	+log.	+log.
Tabellenwert F	11,52	11,52	11,52	6,91
bei P (%)	99,9	99,9	99,9	99
und FG	1/96	1/96	1/96	1/96
Testwert F	16,85	66,61	16,26	10,57
Signifikanz	***	***	***	**

3. Zusammenhang Jahrringbreite - Tracheidenlänge

Die Ueberprüfung des Zusammenhanges ergab ein uneinheitliches Bild.
Einem sehr hoch signifikanten negativen Zusammenhang vom Standort
Neuendorf steht das Fehlen eines Zusammenhanges auf dem Standort Ste
Croix gegenüber. Der Zusammenhang ist bei den herrschenden wie bei den
beherrschten Bäumen gesichert, trennt man die Messwerte jedoch nach der
horizontalen Position, so fehlt der Zusammenhang in beiden Fällen.
Widersprüchlich ist auch das Ergebnis aus den beiden vertikalen
Positionen (Tabellen 4.7a und 4.7b). Die Bestimmtheitsmasse variieren
zwischen 1% - 18%. Im gesamten Material ist der Zusammenhang statistisch
gesichert, eine Darstellung der Regressionslinie und der dazugehörenden
Punkteschar zeigt Bild 4.6.

Tabelle 4.7a: Zusammenhang zwischen Jahrringbreite und Tracheidenlänge

Parameter/Stichprobe	Standorte			Soziol.Stellung	
	N + S	N	S	her	beh
Korrelationskoeffizient	0,17	0,36	0,08	0,42	0,28
Bestimmtheitsmass (%)	2,96	12,68	0,57	17,56	8,00
Tabellenwert t	1,97	3,40	1,99	3,40	2,63
bei P (%)	95	99,9	95	99,9	99
und FG	194	94	94	94	98
Testwert t	2,43	3,77	0,73	4,47	2,92
Signifikanz	*	***	–	***	**
Regressionstypus	–lin.	–exp.	–log.	–exp.	–log.
Tabellenwert F	3,89	11,51	3,94	11,54	6,9
bei P (%)	95	99,9	95	99,9	99
und FG	1/194	1/98	1/94	1/94	1/98
Testwert F	5,92	14,23	0,53	20,02	7,05
Signifikanz	*	***	–	***	***

Tabelle 4.7b: Zusammenhang zwischen Jahrringbreite und Tracheidenlänge

Parameter/Stichprobe	Höhe		Position	
	2 m	12 m	innen	aussen
Korrelationskoeffizient	0,15	0,25	0,11	0,15
Bestimmtheitsmass (%)	2,30	5,79	1,11	2,28
Tabellenwert t	1,99	2,37	1,99	1,99
bei P (%)	95	98	95	95
und FG	96	96	96	96
Testwert t	1,51	2,54	1,03	1,50
Signifikanz	–	**	–	–
Regressionstypus	poly.	–exp.	–log.	–exp.
Tabellenwert F	3,09	3,94	3,94	3,94
bei P (%)	95	95	95	95
und FG	2/95	1/96	1/96	1/96
Testwert F	1,12	5,89	1,08	2,24
Signifikanz	–	*	–	–

4. Zusammenhang Nadelverlust - Jahrringbreite

Es schien uns sinnvoll, den Zusammenhang zwischen dem Nadelverlust und der Jahrringbreite an diesen besonders ausgewählten Jahrringen zu überprüfen. Das Ergebnis zeigt mit der Ausnahme der beherrschten Bäume einen signifikanten bis sehr hoch signifikanten Zusammenhang. Die beiden Standorte wie auch die beiden vertikalen Positionen ergaben fast identische Resultate, während die Position "aussen" einen deutlich engeren Zusammenhang zeigte als die Position "innen" (Bestimmtheitsmasse 24% resp. 5%). Die Bestimmtheitsmasse variierten zwischen 3% - 24% (Tabellen 4.8a und 4.8b). Der Zusammenhang war bei der Gesamtheit der Messdaten statistisch sehr hoch signifikant und von negativ logarithmischem Charakter (Bild 4.7).

Tabelle 4.8a: Zusammenhang zwischen Nadelverlust und Jahrringbreite

Parameter/Stichprobe	Standorte			Soziol.Stellung	
	N + S	N	S	her	beh
Korrelationskoeffizient	0,28	0,29	0,32	0,39	0,17
Bestimmtheitsmass (%)	7,75	8,59	10,37	15,04	2,98
Tabellenwert t	3,34	2,63	2,63	3,39	1,98
bei P (%)	99,9	99	99	99,9	95
und FG	194	98	94	94	98
Testwert t	4,03	3,03	3,30	4,08	1,74
Signifikanz	***	**	**	***	-
Regressionstypus	-log.	-exp.	poly.	-exp.	-exp.
Tabellenwert F	11,16	6,90	2,70	11,54	3,93
bei P (%)	99,9	99	95	99,9	95
und FG	1/194	1/98	3/92	1/94	1/98
Testwert F	16,29	9,21	3,55	16,63	3,01
Signifikanz	***	**	*	***	-

Tabelle 4.8b: Zusammenhang zwischen Nadelverlust und Jahrringbreite

Parameter/Stichprobe	Höhe		Position	
	2 m	12 m	innen	aussen
Korrelationskoeffizient	0,28	0,28	0,22	0,49
Bestimmtheitsmass (%)	8,10	7,83	4,81	23,91
Tabellenwert t	2,63	2,63	1,99	3,99
bei P (%)	99	99	95	99,9
und FG	96	96	96	96
Testwert t	2,91	2,86	2,20	5,49
Signifikanz	**	**	*	***
Regressionstypus	-log.	-log.	poly.	-log.
Tabellenwert F	6,91	6,91	2,70	11,52
bei P (%)	99	99	95	99,9
und FG	1/96	1/96	3/94	1/96
Testwert F	8,47	8,15	1,58	30,17
Signifikanz	**	**	-	***

5. Zusammenhang Kambiumalter - Jahrringbreite

Zwischen dem Kambiumalter und der Jahrringbreite besteht je nach Datengruppe ein statistisch signifikanter bis sehr hoch signifikanter negativer Zusammenhang, wobei die horizontale Position "aussen" hier eine klare und leicht erklärbare Ausnahme bildet (Tabellen 4.9a und 4.9b). Der Zusammenhang ist deutlicher bei den beherrschten als bei den herrschenden Bäumen und enger auf 12 m als auf 2 m Höhe. Gesamthaft ist der negativ-exponentielle Zusammenhang statistisch sehr hoch signifikant (Bild 4.8). Die Bestimmtheitsmasse betragen für die einzelnen Datengruppen Werte zwischen 1% - 34%.

Tabelle 4.9a: Zusammenhang zwischen Kambiumalter und Jahrringbreite

Parameter/Stichprobe	Standorte			Soziol.Stellung	
	N + S	N	S	her	beh
Korrelationskoeffizient	0,25	0,31	0,21	0,28	0,59
Bestimmtheitsmass (%)	6,35	9,39	4,24	7,85	34,27
Tabellenwert t	3,34	2,63	1,98	2,63	3,39
bei P (%)	99,9	99	95	99	99,9
und FG	194	98	94	94	98
Testwert t	3,63	3,18	2,04	2,83	7,14
Signifikanz	***	**	*	**	***
Regressionstypus	-exp.	-exp.	-lin.	-log.	-log.
Tabellenwert F	11,16	6,9	3,94	6,9	11,51
bei P (%)	99,9	99	95	99	99,9
und FG	1/194	1/98	1/94	1/94	1/98
Testwert F	13,16	10,16	4,16	8,01	51,08
Signifikanz	***	**	*	**	***

Tabelle 4.9b: Zusammenhang zwischen Kambiumalter und Jahrringbreite

Parameter/Stichprobe	Höhe		Position	
	2 m	12 m	innen	aussen
Korrelationskoeffizient	0,21	0,42	0,21	0,12
Bestimmtheitsmass (%)	4,31	17,96	4,25	1,48
Tabellenwert t	1,98	3,39	1,98	1,98
bei P (%)	95	99,9	95	95
und FG	96	96	96	96
Testwert t	2,08	4,59	2,06	1,19
Signifikanz	*	***	*	-
Regressionstypus	-exp.	-log.	poly.	-log.
Tabellenwert F	3,94	11,52	2,70	3,94
bei P (%)	95	99,9	95	95
und FG	1/96	1/96	3/94	1/96
Testwert F	4,33	21,01	1,39	1,44
Signifikanz	*	***	-	-

Um den Einfluss des Kambiumalters mit jenem des Nadelverlustes zu
vergleichen, wurden Quotienten gebildet (Verhältnis innen:aussen) und
zwar sowohl bei den Tracheidenlängen als auch bei den Jahrringbreiten.
Eine Ueberprüfung zeigte, dass die Veränderung der Tracheidenlänge nicht
mit dem Nadelverlust korreliert ist (Tabelle 4.10). Hingegen ergab sich
ein statistisch signifikanter negativ logarithmischer Zusammenhang
zwischen der Veränderung der Tracheidenlängen und der Veränderung der
Jahrringbreiten (Bild 4.9). Das Bestimmtheitsmass dieses Zusammenhanges
betrug 8% (Tabelle 4.10).

Tabelle 4.10: Zusammenhang zwischen den Tracheidenlängen-Verhältnissen
(i:a) und anderen Parametern

Parameter/Stichprobe	Nadelverlust	Verhältnis (i:a) Jahrringbreite
Korrelationskoeffizient	0,06	0,28
Bestimmtheitsmass (%)	0,34	7,65
Tabellenwert t	1,99	2,63
bei P (%)	95	99
und FG	96	94
Testwert t	0,58	2,79
Signifikanz	–	**
Regressionstypus	poly.	-log.
Tabellenwert F	3,09	6,91
bei P (%)	95	99
und FG	2/95	1/94
Testwert F	0,16	7,78
Signifikanz	–	**

4.3 Diskussion

Die Länge der Tracheiden ist eine recht konservative Grösse, welche weitgehend durch das Kambiumalter bestimmt wird. Ein negativer Zusammenhang zwischen der Tracheidenlänge und der Jahrringbreite, der von TRENDELENBURG (1939) beschrieben wurde, ist zwar vorhanden, jedoch von geringerer Bedeutung. Ein direkter Zusammenhang zwischen dem Nadelverlust und der Tracheidenlänge besteht nicht, jedoch ist eine sehr beschränkte Korrelation auf dem Weg über die schmalen Jahrringe zu vermuten. Dies erklärt gewisse Unterschiede in den Ergebnissen der bisherigen Untersuchungen. GROSSER, SCHULZ und UTSCHIG (1985) fanden keine signifikanten Unterschiede in der Tracheidenlänge zwischen einer gesunden und einer kranken Fichte. Allerdings wurden bei diesem Vergleich Kambiumalter und Breite der untersuchten Jahrringe nicht erfasst. BAUCH, GÖTTSCHE-KUHN und RADEMACHER (1986) fanden bei 2 gesunden und 3 sehr kranken Fichten weder einen Zusammenhang zwischen der Tracheidenlänge und der Jahrringbreite noch einen solchen zwischen der Tracheidenlänge und den Klimadaten. Hingegen zeigten die kranken Fichten geringfügig längere Tracheiden (Bild 10 der zitierten Arbeit). BOSSHARD et al. (1986) stellten bei je drei Fichten und Tannen (jeweils 1 gesunder und 2 geschädigte Bäume) geringfügig längere Tracheiden im Holz der kranken Bäume im Vergleich zu den gesunden Bäumen fest.

FAZIT: Die Tracheidenlänge der gesunden und kranken Fichten ist identisch, bzw. man findet in kranken Bäumen geringfügig längere Tracheiden als in den gesunden Vergleichsobjekten. Die Tracheidenlänge wird vorwiegend durch das Kambiumalter bestimmt. Die Jahrringbreite hingegen unterliegt sowohl endogenen als auch exogenen Einflüssen. Bei den beherrschten Bäumen und niedrigerem Alter dominiert das Kambiumalter, bei den herrschenden Bäumen und in den äusseren Jahrringen ist es der Nadelverlust.

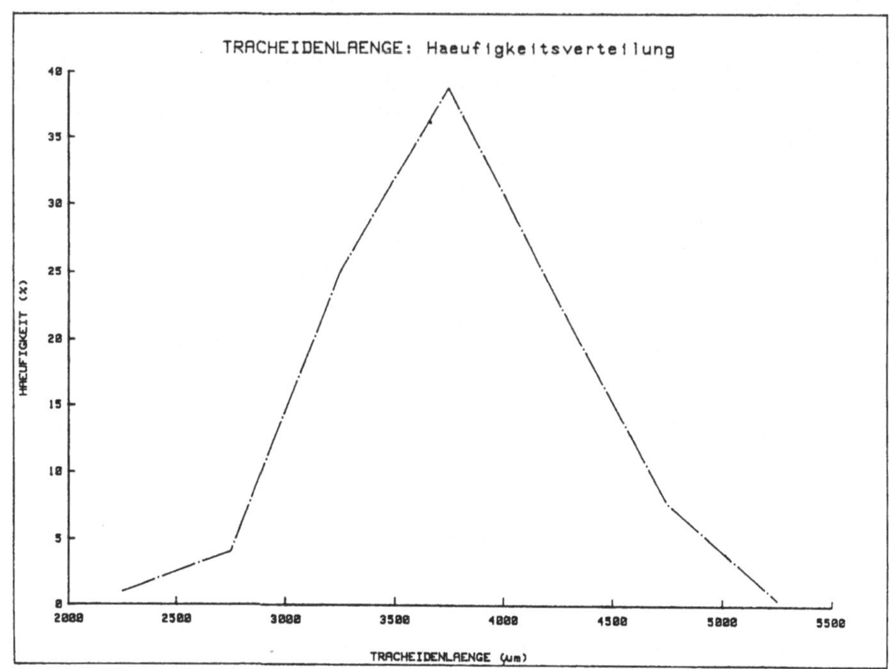

Bild 4.1: Häufigkeitsverteilung der gemessenen Tracheidenlängen, eingeteilt in 500 µm Klassen (N = 19600).

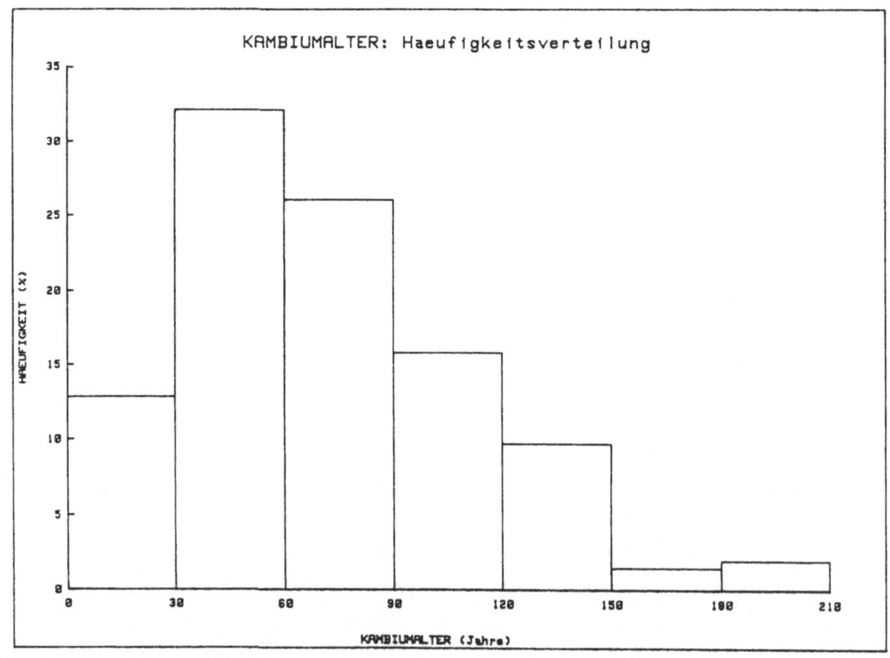

Bild 4.2: Häufigkeitsverteilung des Kambiumalters der untersuchten Jahrringe, eingeteilt in 30er Klassen (N = 196).

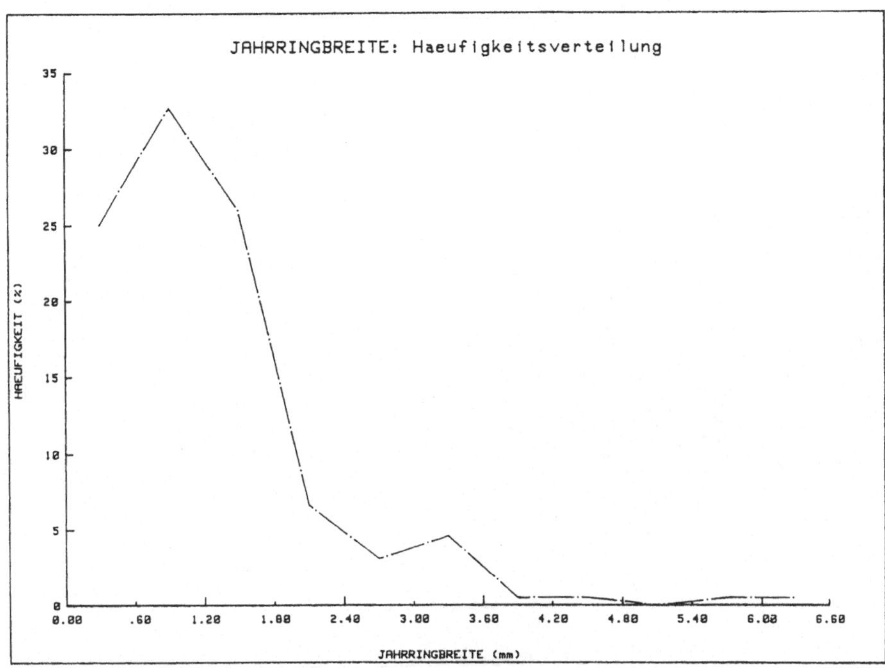

Bild 4.3: **Häufigkeitsverteilung der Breiten der untersuchten Jahrringe, eingeteilt in 6 mm Klassen (N = 379).**

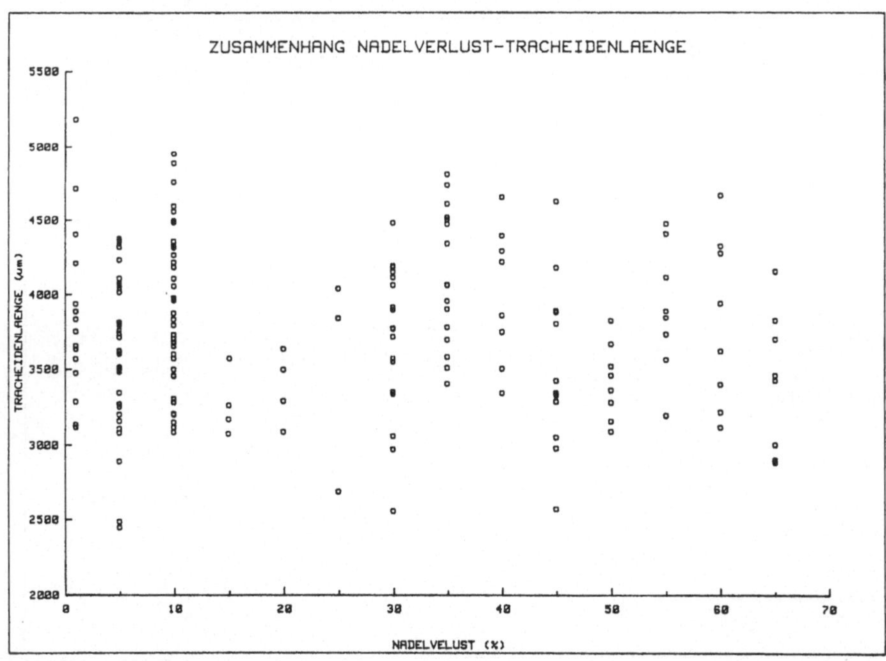

Bild 4.4: **Zusammenhang zwischen dem Nadelverlust und der Tracheidenlänge. Punkteschar (N = 196).**

86

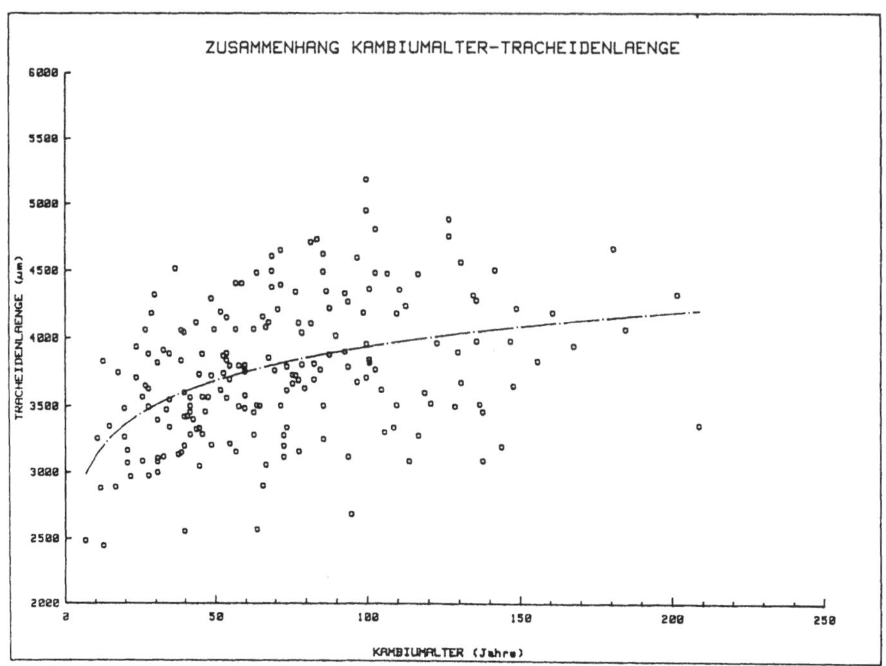

Bild 4.5: Zusammenhang zwischen dem Kambiumalter und der Tracheidenlänge. Punkteschar und Regressionslinie (N = 196).

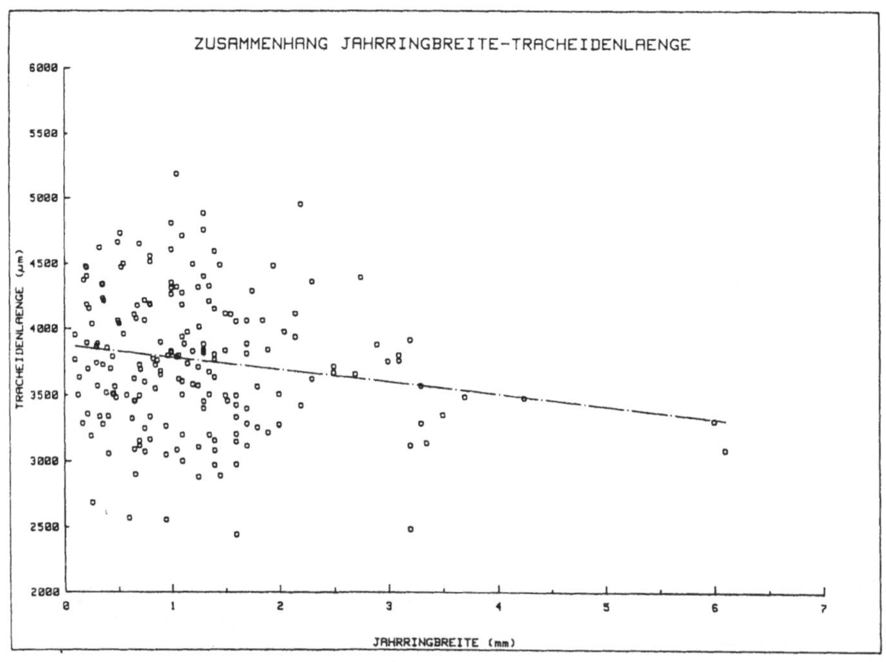

Bild 4.6: Zusammenhang zwischen der Jahrringbreite und der Tracheidenlänge. Punkteschar und Regressionslinie (N = 196).

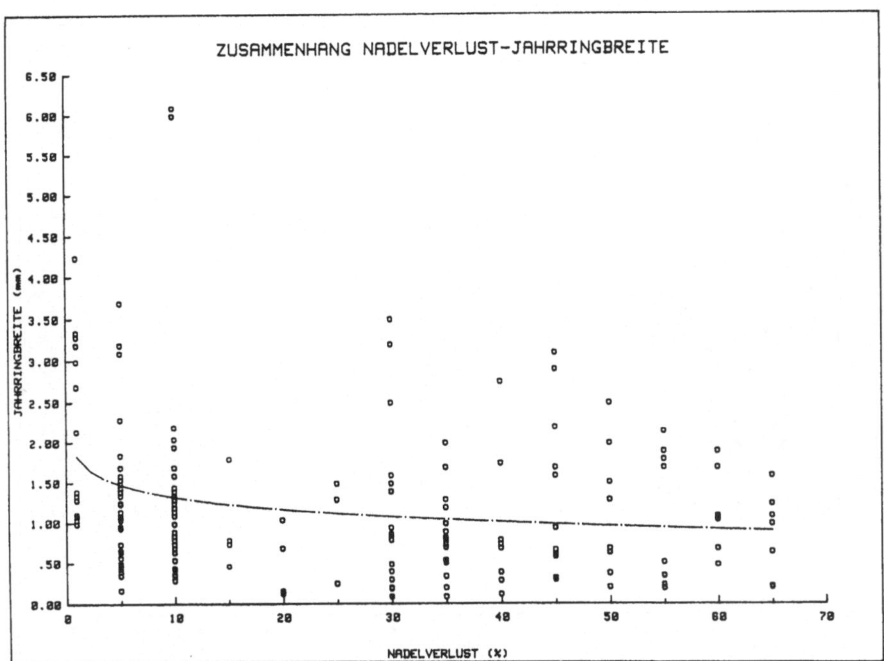

Bild 4.7: Zusammenhang zwischen dem Nadelverlust und der Jahrringbreite. Punkeschar und Regressionslinie (N = 196).

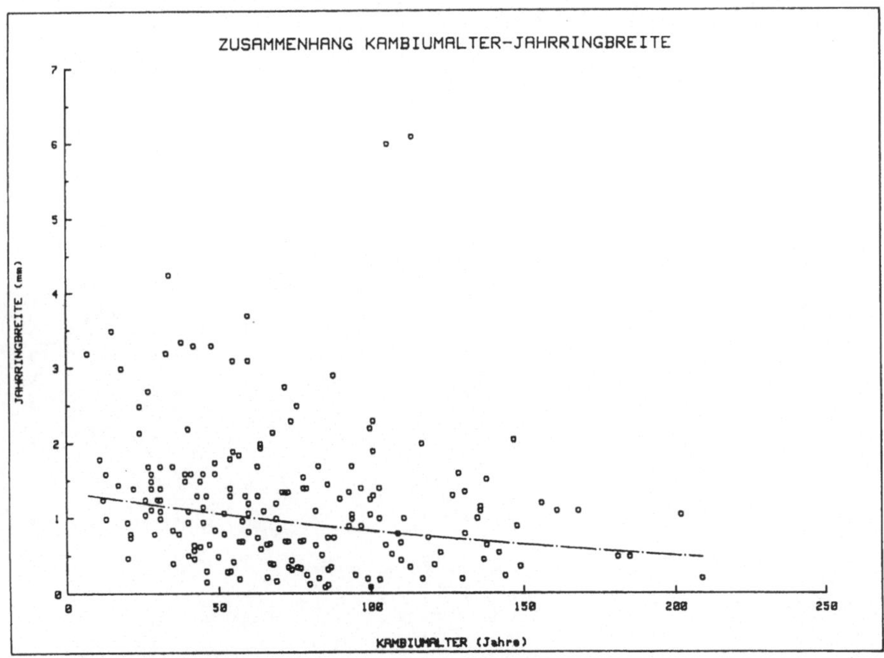

Bild 4.8: Zusammenhang zwischen dem Kambiumalter und der Jahrringbreite. Punkteschar und Regressionslinie (N = 196).

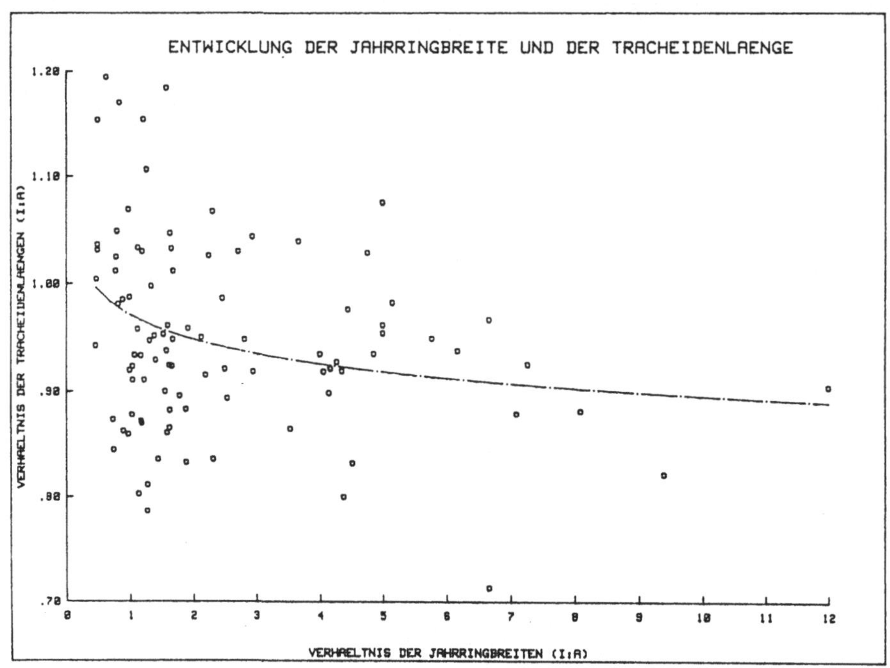

Bild 4.9: Zusammenhang zwischen dem Verhältnis der Jahrringbreiten (innen:aussen) und dem Verhältnis der Tracheidenlängen (innen: aussen). Punkteschar und Regressionslinien (N = 194).

5. ZELLWANDANTEIL

Betrachtet man das Holz verschiedener Baumarten, so fällt einem die weitgehende Uebereinstimmung in bezug auf die elementare und molekulare Zusammensetzung sowie die Reindichte auf. Die unterschiedliche atro Raumdichte verschiedener Holzarten ist danach in der variierenden Häufigkeit von mikroskopischen und submikroskopischen Hohlräumen im Holz begründet. Innerhalb der gleichen Holzart ist der mikroskopisch messbare Zellwandanteil mit der Raumdichte eng korreliert. Die Raumdichte wiederum ist – ebenfalls innerhalb der gleichen Holzart – ein zuverlässiger Indikator der Festigkeitseigenschaften. Die Raumdichte- und Festigkeitsuntersuchungen an sogenannten kleinen fehlerfreien Proben haben das Holz geschädigter Fichten als vollwertig gezeigt. Allerdings sind die Proben nie rein aus dem äusseren Bereich gewonnen worden, weil dies die Normgrösse der Proben nicht erlaubt. In Kenntnis des Zusammenhanges zwischen dem Zellwandanteil und den mechanischen Eigenschaften und aus der Annahme, dass die heute peripheren Jahrringe dereinst in den Schnittholzbereich hineinwachsen dürften, ist es wichtig, genau feststellen zu können, ob und in welchem Masse die Zellwandanteile in den peripheren schmalen Jahrringen der geschädigten Fichten verändert sind. Zugleich wurde die Frage überprüft, ob und in welchem Sinne das Kambiumalter, die Jahrringbreite, der visuell bestimmte Splintholzanteil und weitere Baum- und Holzmerkmale mit dem Zellwandanteil korreliert sind.

5.1 Material und Methoden

Von jedem der insgesamt 49 Bäume wurde auf der Höhe von 7 m eine Stammscheibe von 5 cm Dicke entnommen. Aus dieser wurden total 8 Klötzchen nach vier Himmelsrichtungen und den Positionen "innen/aussen" herausgesägt. Die Klötzchen waren ca. 2 cm lang, 1 cm breit und 1 cm dick. Bei der Position "aussen" bildete das Kambium die äussere Grenze der Holzprobe; bei der Position "innen" wurde die Probe 4 cm (bei dünneren Stämmen 2 cm) vom Kambium entfernt herausgeschnitten. Das Plastifizieren erfolgte während 24 Stunden am Rückflusskühler (Wasser/Glycerin-Gemisch 10:1) und anschliessend wurden die Blöckchen mit einem Mikrotom quer geschnitten. Die maximal 12 µm dicken Schnitte wurden mit Safranin/Astrablau gefärbt, auf einen Objektträger aufgezogen und anschliessend in Caedax eingeschlossen (Dauerpräparat). Das Trocknen der Schnitte dauerte 4 Tage bei 60°C. Die Messungen erfolgten ausschliesslich an den Mikroschnitten im Mikroskop bei 125-facher Vergrösserung. Dabei wurde mit dem Bildanalysegerät Quantimet 970 der Anteil der Zellwand (%) gemessen und die durchschnittliche Breite der Jahrringe (mm) berechnet. Dies auf einem radialen Streifen von 0.9 mm Breite und mindestens 10 mm Länge, wobei die Grenze der Messung durch den nächstfolgenden Jahrring gegeben war (biologische Grenze). Pro Baum wurden zwei ("aussen" und "innen") mal vier (Himmelsrichtungen) = acht Gewebeproben in drei verschieden langen Messstreifen (1 cm; 0,5 cm; erster = äusserster Jahrring) ausgemessen. Die Daten wurden danach auf einem Tischrechner weiter verarbeitet. Aus den Werten der 4 Himmelsrichtungen wurde das arithmetische Mittel des Zellwandanteils und der mittleren Jahrringbreite gebildet, sodass am Ende pro Baum sechs Wertepaare (je drei Doppelwerte "innen/aussen" für die 3 Messstreifen zur Verfügung standen. Diese Werte bildeten das Zahlenmaterial für die nachfolgende statistische Auswertung, bei der wiederum zusätzlich zu den reinen Messergebnissen auf Verhältniszahlen basierende Korrelationsrechnungen ausgeführt wurden.

5.2 Ergebnisse

Die als Mittelwerte aus 4 Himmelsrichtungen berechneten Zellwandanteile und Jahrringbreiten der Versuchsbäume sind, geordnet nach der Länge der untersuchten Streifen (1 cm, 0,5 cm, 1. Jahrring), in den Tabellen 5.1a (Position aussen) und 5.1b (Position innen) zusammengestellt. Die Zellwandanteil-Werte variieren zwischen 29,6% (FIS 72, herrschend, 55% Nadelverlust) und 67,2% (FIS 53, herrschend, 45% Nadelverlust). Die Jahrringbreiten-Mittelwerte schwanken zwischen 0,09 mm (FIS 74, beherrscht, 50% Nadelverlust) und 3,77 mm (FIN 10, herrschend, 0% Nadelverlust). Ferner findet man in diesen Tabellen einige für die Auswertung relevante Grundangaben wie Baumbezeichnung, soziologische Stellung und Nadelverlust. Die Angabe des Kambiumalters bezieht sich auf den äussersten, dem Kambium nächstgelegenen Jahrring der Probe. Aus dem Vergleich der Positionen aussen und innen geht hervor, dass das Kambiumalter dieser Positionen Unterschiede zwischen 4 Jahrringen (FIN 10, herrschend, 0% Nadelverlust) und 86 Jahrringen (FIS 74, beherrscht, 50% Nadelverlust) und eine recht gleichmässige Vertretung von Werten zwischen diesen Extremen aufwies. Tabelle 5.2 enthält die Verhältniszahlen (innen:aussen) korrespondierender Zellwandanteile und Jahrringbreiten. Diese Verhältniszahlen zeigen, ob eine Abnahme (Verhältniszahlen grösser als 1) oder eine Zunahme (Verhältniszahlen kleiner als 1) des untersuchten Merkmales stattgefunden hat. Die höchste Zunahme des Zellwandanteiles im Verhältnis von 0,60:1 wie auch die stärkste Abnahme der Jahrringbreiten von 16,75:1 ist beim Versuchsbaum FIS 53 (herrschend, 45% Nadelverlust) festgestellt worden. Die ausgeprägteste Abnahme des Zellwandanteiles betrug 1,25:1 (FIS 57, beherrscht, 5% Nadelverlust) und die markanteste Zunahme der Jahrringbreite war im Verhältnis von 0,42:1 (FIN 27, herrschend, 35% Nadelverlust). Auch die Tabelle 5.2 enthält die schon erwähnten Grundangaben, zudem auch die visuell ermittelten Splintholzanteile.

Die vorliegende bildanalytische Untersuchung des Zellwandanteiles mittels einer automatischen Messanlage stellt eine Neuentwicklung dar. Es war eine methodische Zielsetzung dieser Arbeit, abzuklären, wie sich die Länge des untersuchten radialen Streifens auf das Messergebnis auswirkt. Von der Beantwortung dieser Frage hing die weitere statistische Auswertung der recht zahlreichen Rohdata und Mittelwerte ab. Bild 5.1 zeigt die Häufigkeitsverteilungen der mittleren Zellwandanteile, wobei die Werte in 5% Klassen eingeteilt sind. Die Verteilungskurven aus 1 cm und 0,5 cm Streifen unterscheiden sich dabei nur geringfügig, wohingegen die Messwerte aus einzelnen Jahrringen deutlich grössere Anteile an Höchstwerten aufweisen. Die Jahrringbreiten erwiesen sich als erheblich variabler, was sowohl aus den Verhältniszahlen der Tabelle 5.2 als auch der unterschiedlichen Schlankheit der Häufigkeitsverteilungen aus verschieden langen Streifen (Bild 5.2; Mittelwerte in Klassen von 0,5 mm) entnommen werden kann. Aus den Zellwandanteilen wurden nach verschiedenen Kriterien Datengruppen gebildet. Die statistischen Stichproben-Parameter der wichtigsten Gruppen sind in den Tabellen 5.3a und 5.3b dargestellt. Dabei zeigte es sich, dass jede Stichprobe statistisch gesichert war. Diese Erkenntnisse erlaubten es uns, je nach Fragestellung die zweckmässigste Stichprobe (Streifenlänge) zur Auswertung heranzuziehen. Die Vergleiche des Zellwandanteiles in diversen Stichproben (Tabellen 5.4a und 5.4b) ergaben folgende statistisch gesicherten Ergebnisse:

1. Die Zellwandanteil-Werte aus dem Standort Neuendorf übertreffen jene aus dem Standort Ste Croix, wobei hier ausser der unterschiedlichen

Standortsgüte wohl auch das unterschiedliche Alter der Versuchsbäume
(vgl. Tabelle 2.4) einen Einfluss hatte.
2. Zwischen den gesunden und kranken Bäumen (bis 10% Nadelverlust resp.
über 10% Nadelverlust) besteht hinsichtlich Zellwandanteil kein
statistisch gesicherter Unterschied.
3. Das Holz der beherrschten Bäume zeigt deutlich höhere Zellwandanteile
als das Holz der herrschenden Bäume, dies vermutlich im Zusammenhang
mit der unterschiedlichen Jahrringbreite und dem Spätholzanteil.
4. Die Position der Stichprobe (innen resp. aussen) hat einen schwachen
Einfluss auf den Zellwandanteil, der bei paarweisem Vergleich und in
der Gruppe der kranken Bäume statistisch gesichert ist. Dabei wird
ein Anstieg des Zellwandanteiles von innen nach aussen festgestellt.

Analog zu den Zellwandanteilen wurden auch aus den Verhältniszahlen der
Zellwandanteile Datengruppen gebildet, deren statistische Stichproben-
Parameter (aus den 0,5 cm Streifen) in der Tabelle 5.5 als Beispiel
dargestellt sind. Insgesamt zeigte es sich, dass jede derart gebildete
Stichprobe statistisch gesichert war. Die Ergebnisse der ausgeführten
Vergleiche (Tabelle 5.6) zeigten folgendes:

1. Zwischen den herrschenden und beherrschten Bäumen besteht hinsichtlich der Entwicklung des Zellwandanteiles (innen:aussen) kein
Unterschied, vielmehr ist eine übereinstimmende leichte Zunahme (vgl.
Tabelle 5.5; Verhältniszahl 0,98 für herrschende wie beherrschte
Bäume) zu beobachten. Diese Zunahme für die letzten 4 bis 86 Jahre
steht im Widerspruch zum generellen Alterstrend, der im Bild 5.5
gezeigt wird.
2. Zwischen den gesunden und kranken Bäumen besteht ein hoch
signifikanter Unterschied (mit Ausnahme des jahrringweisen Ver-
gleichs, bei dem die hohe Variabilität den Ausgang des t-Tests
ungünstig beeinflusste) in bezug auf die Entwicklung der Zellwandanteile: während die gesunden Bäume in der Postion aussen weniger
Zellwandanteile aufwiesen als in der Position innen, verhielten sich
die kranken Bäume umgekehrt (vgl. Tabelle 5.5: Verhältniszahl 1,01
für gesunde resp. 0,95 für kranke Versuchsbäume). Obschon statistisch
hoch gesichert, ist dieser Unterschied von geringem Ausmass und somit
ohne praktische Bedeutung.

Die geprüften Zusammenhänge zwischen dem Zellwandanteil und einigen
ausgewählten Merkmalen sind in der Tabelle 5.7 und den Bildern 5.3 - 5.5
dargestellt. Diese Ergebnisse besagen folgendes:

1. Der Zellwandanteil ist mit der soziologischen Stellung des Baumes
sehr hoch signifikant korreliert. Beherrschte Bäume bilden durchschnittlich höhere Zellwandanteile als herrschende (Bild 5.3;
Bestimmtheitsmass 16%).
2. Der Zellwandanteil ist mit der Breite des Jahrringes je nach
Messbereich signifikant bis hoch signifikant korreliert. Breite
Jahrringe zeigen niedrigere Zellwandanteile als schmale Jahrringe
(Bild 5.4; Bestimmtheitsmass 9%).
3. Der Zellwandanteil ist mit dem Kambiumalter signifikant korreliert
(ausser in jahrringweiser Betrachtung). Mit zunehmendem Kambiumalter
nimmt der Zellwandanteil ab (Bild 5.5; Bestimmtheitsmass 7%).
4. Der Nadelverlust wie auch der Splintholzanteil stehen in keinem
direkten Zusammenhang mit dem Zellwandanteil. Dies trifft für alle
Messbereiche (1 cm, 0,5 cm, 1. Jahrring) zu und auch für die
Stichproben, beschränkt auf die Position aussen (vgl. Tabelle 5.7).

92

Die Ueberprüfung weiterer Zusammenhänge ergab vier statistisch
gesicherte Ergebnisse, welche in der Tabelle 5.8 enthalten sind.

Die Ergebnisse sind wie folgt:
1. Der Nadelverlust ist zwar mit dem Zellwandanteil nicht direkt
   korreliert (Tabelle 5.7), hingegen besteht ein Zusammenhang zum
   Verhältnis der Zellwandanteile (Bild 5.6; Bestimmtheitsmass 12%).
   Bäume mit grösserem Nadelverlust tendieren zur Bildung von dichterem
   Holz, ein Ergebnis, das bereits beim Vergleich gesunder und kranker
   Bäume (Tabelle 5.6) vorweggenommen wurde. Offenbar ist die Verhältniszahl besser geeignet, relativ kurzfristige Entwicklungen aufzu-
   decken, als die absolute Zellwandanteil-Angabe. Der Grund dafür liegt
   darin, dass durch die Bildung der Verhältniszahl langfristige dominierende Einflüsse wie Standort und soziologische Stellung eliminiert
   werden.
2. Das Verhältnis der Jahrringbreiten und das Verhältnis der
   Zellwandanteile sind statistisch signifikant korreliert (Bild 5.7;
   Bestimmtheitsmass 12%). Der Zusammenhang ist indirekt proportional:
   die Bildung breiterer Jahrringe führt zur Verminderung der Zellwandanteile und umgekehrt. Dieses Ergebnis steht im Einklang mit dem
   übergeordneten Zusammenhang Jahrringbreite — Zellwandanteil (Bild
   5.4).
3. Zwischen dem Nadelverlust und der Breite des letztgebildeten
   Jahrringes besteht ein statistisch sehr hoch gesicherter indirekt
   proportionaler Zusammenhang (Bild 5.8). Dieser Zusammenhang weist ein
   Bestimmtheitsmass von 33% auf und bestätigt eindrücklich die
   Ergebnisse aus den Kapiteln 2 (Bilder 2.5, 2.7 und 2.9) und 4 (Bild
   4.7).
4. Zwischen dem Splintholzanteil und der Breite peripherer Jahrringe
   (Messstreifen von 0,5 cm Breite) besteht ein statistisch sehr hoch
   gesicherter direkt proportionaler Zusammenhang (Bild 5.9). Dieser
   Zusammenhang ist in seinem Ausmass (Bestimmtheitsmass 32%) mit dem
   vorangehenden praktisch gleichwertig und belegt den inneren
   Zusammenhang zwischen Wasserversorgung und Baumwachstum.

Tabelle 5.1a: GEWEBEANALYSEN

Zellwandanteil und Jahrringbreiten <u>aussen</u> in 7 m Höhe

Nr.	Bezeich-nung	Soziolog. Stellung her/beh*	Nadel-verlust %	Zellwandanteil %			Jahrringbreite mm			Kambium-alter 1. JR.
				1 cm	0,5cm	1.JR	1 cm	0,5cm	1.JR	
1	FIN 10	her	0	36,8	37,0	36,5	2,84	2,78	2,67	30
2	11	her	0	43,0	43,1	45,4	2,42	2,40	2,13	40
3	12	her	5	43,2	42,4	43,5	1,29	1,37	1,54	86
4	13	her	30	39,2	39,9	42,3	1,79	1,78	1,29	45
5	14	her	35	48,3	47,4	38,9	0,83	0,63	0,23	69
6	15	her	40	41,1	41,2	44,1	0,87	0,78	0,68	79
7	16	beh	5	44,3	45,7	52,9	0,94	0,79	0,46	27
8	17	beh	0	44,0	44,0	44,0	0,91	0,95	1,16	37
9	18	beh	5	44,4	43,8	47,2	0,90	0,99	1,05	90
10	19	beh	15	47,1	46,2	56,2	1,33	1,13	0,49	29
11	20	beh	30	42,0	40,8	44,1	1,36	1,40	1,26	34
12	21	beh	65	46,8	45,0	39,3	0,45	0,32	0,16	77
13	22	her	0	41,3	41,5	45,6	1,15	1,15	1,10	90
14	23	her	10	38,1	37,9	42,1	1,77	1,71	1,93	99
15	24	her	10	34,9	34,5	36,6	1,32	1,42	1,54	134
16	25	her	35	38,9	39,3	44,6	0,81	0,63	0,99	92
17	26	her	45	45,0	46,3	54,9	0,79	0,64	0,90	100
18	27	her	35	44,1	43,4	48,6	0,56	0,53	1,60	132
19	28	beh	5	40,7	39,5	39,7	0,72	0,69	0,99	94
20	29	beh	10	41,3	39,9	39,7	0,65	0,66	0,80	89
21	30	beh	5	50,1	48,6	47,8	0,30	0,27	0,39	101
22	31	beh	30	42,4	42,5	55,7	0,51	0,33	0,28	97
23	32	beh	35	48,2	49,3	53,4	0,89	0,76	0,68	90
24	33	beh	30	51,6	52,1	59,1	0,57	0,47	0,37	116
25	34	beh	25	33,6	31,9	33,0	0,33	0,25	0,21	88
26	FIS 50	her	5	36,6	35,7	35,9	2,13	1,93	2,15	68
27	51	her	5	34,8	33,5	35,9	1,17	1,21	1,08	81
28	52	her	55	35,7	35,6	32,5	0,74	0,48	0,23	67
29	53	her	45	45,1	46,9	67,2	0,96	0,74	0,12	64
30	54	her	60	41,1	41,6	45,8	1,53	1,41	1,38	62
31	55	beh	5	45,2	45,5	43,7	0,88	1,06	1,55	70
32	56	beh	10	49,9	52,2	58,7	0,64	0,53	0,54	64
33	57	beh	5	38,2	38,8	39,9	0,64	0,63	0,96	53
34	58	beh	65	51,2	53,4	59,4	0,37	0,27	0,12	58
35	59	beh	30	48,8	49,8	58,4	0,49	0,42	0,25	57
36	60	beh	45	37,7	38,0	41,4	0,77	0,60	0,11	55
37	61	her	10	34,4	34,7	39,6	0,95	0,95	1,11	122
38	62	her	10	35,6	36,5	39,9	0,96	0,96	0,93	141
39	63	her	10	38,0	38,0	39,9	0,94	1,02	0,90	146
40	64	her	60	37,9	38,7	39,0	0,60	0,46	0,50	190
41	65	beh	10	36,5	36,3	38,1	0,38	0,37	0,48	135
42	66	beh	10	38,4	38,3	42,6	0,58	0,61	0,85	133
43	70	her	10	34,0	33,4	35,8	1,58	1,74	1,60	79
44	71	her	50	34,3	34,2	35,6	0,94	0,87	1,10	122
45	72	her	55	31,0	31,1	34,0	0,65	0,50	0,30	123
46	73	beh	5	40,9	41,0	45,9	0,41	0,34	0,37	161
47	74	beh	50	39,2	39,6	34,5	0,19	0,14	0,09	133
48	75	beh	20	37,2	37,9	33,9	0,52	0,38	0,10	68
49	76	beh	40	36,1	36,3	35,2	0,30	0,21	0,10	100

* = herrschend/beherrscht

JR = Jahrring

Tabelle 5.1b: GEWEBEANALYSEN

Zellwandanteil und Jahrringbreiten __innen__ in 7 m Höhe

Nr.	Bezeich-nung	Soziolog. Stellung her/beh*	Nadel-verlust %	Zellwandanteil %			Jahrringbreite mm			Kambium-alter 1. JR.
				1 cm	0,5cm	1.JR	1 cm	0,5cm	1.JR	1. JR.
1	FIN 10	her	0	34,4	34,6	36,4	3,19	3,43	3,77	26
2	11	her	0	44,6	45,0	45,6	2,23	2,28	2,21	36
3	12	her	5	43,5	43,2	44,1	1,21	1,22	1,29	59
4	13	her	30	37,0	29,8	36,9	3,05	3,37	2,18	37
5	14	her	35	47,8	47,1	47,5	1,47	1,40	1,78	52
6	15	her	40	42,8	43,8	43,4	2,28	2,14	2,19	58
7	16	beh	5	37,8	38,4	38,5	1,91	1,74	1,68	10
8	17	beh	0	42,6	42,9	40,8	1,38	1,33	1,38	23
9	18	beh	5	45,9	46,8	45,3	0,77	0,62	0,72	38
10	19	beh	15	42,2	44,0	46,4	1,26	1,17	1,41	19
11	20	beh	30	37,8	37,7	37,5	2,30	2,0	2,19	20
12	21	beh	65	42,3	43,3	43,5	1,89	1,77	1,65	32
13	22	her	0	41,7	42,2	44,1	1,53	1,49	1,45	67
14	23	her	10	37,7	37,2	36,1	2,41	2,65	2,87	83
15	24	her	10	34,1	33,5	33,1	1,51	1,48	1,26	103
16	25	her	35	41,3	41,7	38,6	0,92	0,82	0,75	53
17	26	her	45	38,4	38,0	38,7	2,47	2,70	2,70	72
18	27	her	35	43,4	42,8	44,2	0,81	0,75	0,67	78
19	28	beh	5	43,4	44,0	43,9	0,85	0,78	0,67	54
20	29	beh	10	41,8	43,5	43,8	0,87	0,74	0,85	38
21	30	beh	5	54,1	53,7	54,0	0,51	0,45	0,59	38
22	31	beh	30	39,5	40,4	40,3	1,12	1,05	1,07	58
23	32	beh	35	44,3	45,3	44,1	1,2	1,21	1,25	50
24	33	beh	30	47,7	47,6	46,1	0,81	0,75	0,68	70
25	34	beh	25	35,2	34,4	33,4	0,99	0,85	0,56	44
26	FIS 50	her	5	37,3	36,5	34,8	2,00	2,30	2,05	52
27	51	her	5	34,5	34,6	35,8	0,98	0,91	0,95	58
28	52	her	55	37,9	38,6	39,4	1,98	2,09	2,09	41
29	53	her	45	39,6	39,3	40,4	1,82	1,90	2,01	52
30	54	her	60	41,4	40,3	38,7	1,99	2,43	2,73	45
31	55	beh	5	41,1	41,3	40,5	1,37	1,40	1,52	31
32	56	beh	10	45,9	47,3	48,4	0,99	0,86	0,91	41
33	57	beh	5	41,1	42,5	49,7	0,98	0,89	1,55	35
34	58	beh	65	42,1	42,4	42,5	1,50	1,33	1,04	24
35	59	beh	30	43,6	43,9	46,8	1,04	0,97	0,92	32
36	60	beh	45	36,5	37,3	37,3	1,46	1,22	0,98	38
37	61	her	10	35,8	35,2	33,7	1,02	0,94	0,83	88
38	62	her	10	36,0	35,5	33,2	1,03	1,04	1,05	110
39	63	her	10	38,9	38,0	37,9	1,36	1,32	1,22	121
40	64	her	60	34,3	33,7	34,0	0,90	0,93	1,26	156
41	65	beh	10	38,2	38,9	40,2	0,72	0,60	0,54	57
42	66	beh	10	38,3	38,5	40,1	0,55	0,51	0,46	64
43	70	her	10	36,8	37,7	38,0	1,42	1,37	1,47	59
44	71	her	50	33,6	34,1	33.4	1,53	1,57	1,54	104
45	72	her	55	30,6	30,5	29,6	1,17	1,10	1,14	88
46	73	beh	5	42,4	42,4	38,9	0,46	0,49	0,54	82
47	74	beh	50	41,1	41,1	42,2	0,84	0,79	0,72	47
48	75	beh	20	37,1	36,7	35,7	0,96	0,96	1,00	44
49	76	beh	40	34,8	34,9	34,8	0,80	0,69	0,94	68

* = herrschend/beherrscht

JR = Jahrring

Tabelle 5.2: GEWEBEANALYSEN

Verhältniszahlen (innen:aussen) von Zellwandanteil und Jahrringbreite

Nr.	Bezeich-nung	Soziolog. Stellung her/beh*	Nadel-verlust %	Verhältnis Zellwandanteil (i:a)			Verhältnis Jahrringbreite (i:a)			Splint-holzant. %
				1 cm	0,5cm	1.JR	1 cm	0,5cm	1.JR	
1	FIN 10	her	0	0,93	0,94	1,00	1,12	1,23	1,41	62,0
2	11	her	0	1,04	1,04	1,00	0,92	0,95	1,04	68,2
3	12	her	5	1,01	1,02	1,01	0,94	0,89	0,84	38,4
4	13	her	30	0,94	0,75	0,87	1,70	1,89	1,69	41,9
5	14	her	35	0,99	0,99	1,22	1,77	2,22	7,74	29,1
6	15	her	40	1,04	1,06	0,98	2,62	2,74	3,22	50,3
7	16	beh	5	0,85	0,84	0,73	2,03	2,20	3,65	90,5
8	17	beh	0	0,97	0,98	0,93	1,52	1,40	1,19	65,1
9	18	beh	5	1,03	1,07	0,96	0,86	0,63	0,69	35,0
10	19	beh	15	0,90	0,95	0,83	0,95	1,04	2,88	79,6
11	20	beh	30	0,90	0,92	0,91	1,69	1,43	1,74	58,3
12	21	beh	65	0,90	0,96	1,11	4,20	5,53	10,31	34,0
13	22	her	0	1,01	1,02	0,97	1,33	1,30	1,32	44,2
14	23	her	10	0,99	0,98	0,86	1,36	1,56	1,49	43,0
15	24	her	10	0,98	0,97	0,90	1,14	1,04	0,82	33,6
16	25	her	35	1,06	1,06	0,87	1,14	1,30	0,76	36,2
17	26	her	45	0,85	0,82	0,70	3,13	4,22	3,00	34,1
18	27	her	35	0,98	0,99	0,91	1,45	1,42	0,42	23,9
19	28	beh	5	1,07	1,11	1,11	1,18	1,13	0,68	44,0
20	29	beh	10	1,01	1,09	1,10	1,34	1,12	1,06	35,0
21	30	beh	5	1,08	1,10	1,13	1,70	1,67	1,51	32,2
22	31	beh	30	0,93	0,95	0,72	2,20	3,18	3,82	27,5
23	32	beh	35	0,92	0,92	0,83	1,35	1,59	1,84	37,3
24	33	beh	30	0,92	0,91	0,77	1,42	1,60	1,84	24,3
25	34	beh	25	1,05	1,08	1,01	3,00	3,40	2,67	30,0
26	FIS 50	her	5	1,02	1,02	0,97	0,94	1,19	0,95	58,6
27	51	her	5	0,99	1,03	1,00	0,84	0,75	0,88	41,0
28	52	her	55	1,06	1,08	1,21	2,68	4,35	9,09	25,3
29	53	her	45	0,88	0,84	0,60	1,90	2,57	16,75	34,6
30	54	her	60	1,01	0,97	0,84	1,30	1,72	1,98	41,5
31	55	beh	5	0,91	0,91	0,93	1,56	1,32	0,98	37,3
32	56	beh	10	0,92	0,91	0,82	1,55	1,62	1,50	52,3
33	57	beh	5	1,08	1,10	1,25	1,53	1,41	1,61	54,2
34	58	beh	65	0,82	0,79	0,72	4,05	4,93	8,67	36,6
35	59	beh	30	0,89	0,88	0,80	2,12	2,31	3,68	44,1
36	60	beh	45	0,97	0,98	0,90	1,90	2,03	8,91	26,5
37	61	her	10	1,04	1,01	0,85	1,07	0,99	0,75	31,9
38	62	her	10	1,01	0,97	0,83	1,07	1,08	1,13	37,9
39	63	her	10	1,02	1,00	0,95	1,45	1,29	1,36	45,8
40	64	her	60	0,91	0,87	0,87	1,50	2,02	2,52	26,2
41	65	beh	10	1,05	1,07	1,06	1,90	1,62	1,13	29,2
42	66	beh	10	1,00	1,01	0,94	0,95	0,84	0,54	36,1
43	70	her	10	1,08	1,13	1,06	0,90	0,79	0,92	60,1
44	71	her	50	0,98	1,00	0,94	1,63	1,80	1,40	52,0
45	72	her	55	0,99	0,98	0,87	1,80	2,20	3,80	24,8
46	73	beh	5	1,04	1,03	0,85	1,12	1,44	1,46	41,4
47	74	beh	50	1,05	1,04	1,22	4,42	5,64	8,00	23,5
48	75.	beh	20	1,00	0,97	1,05	1,85	2,53	10,00	47,9
49	76	beh	40	0,96	0,96	0,99	2,67	3,29	9,40	25,4

* = herrschend/beherrscht

JR = Jahrring

Tabelle 5.3a: Statistische Stichproben-Parameter: Zellwandanteile

| Parameter/Stichprobe | Standorte | | | | | | | | |
| | N + S | | | N | | | S | | |
	1 cm	0,5cm	1.JR.	1 cm	0,5cm	1.JR.	1 cm	0,5cm	1.JR.
Anzahl Messungen	98	98	98	50	50	50	48	48	48
Mittelwert	40,5	40,5	42,0	42,2	42,1	43,6	38,7	38,9	40,4
VI (P = 95%) ±	0,97	1,04	1,42	1,29	1,4	1,76	1,31	1,45	2,22
VK d. Mittelw.	1,21	1,29	1,70	1,52	1,65	2,00	0,65	1,85	2,73
MPU (P = 95%)	5,7	6,5	11,4	4,6	5,5	8,0	5,4	6,6	14,4
kleinster Wert	30,6	29,8	29,6	33,6	29,8	33,0	30,6	30,5	29,6
grösster Wert	54,1	53,7	67,2	54,1	53,7	59,5	51,2	53,4	67,2

VI = Vertrauensintervall
VK = Variabilitätskoeffizient
MPU = Mindestprobenumfang

Es wurden folgende zusätzlichen Datengruppen gebildet:
- her/beh, gesund/krank, innen/aussen
- gesund- her/beh, krank- her/beh
- innen- gesund/krank, aussen- gesund/krank.
Dabei zeigte es sich, dass der Variabilitätskoeffizient des Mittelwertes zwischen 0,65 und 4,52 lag und sich die Mindestprobenumfänge im Bereich von 3,5 und 20,4 bewegten. Jede gebildete Datenkategorie (Stichprobe) war statistisch gesichert. Die Schwankungen waren grösser in den Stichproben von "1.JR." als in jenen von "1 cm"; sie waren ebenfalls grösser in den Stichproben "aussen" als in "innen", sowie in jenen von "krank" als von "gesund". Die Stichproben "N" und "S" schwankten wenig. Zwischen den Stichproben "her" und "beh" war kein Unterschied in den Schwankungen feststellbar.

Tabelle 5.3b: Statistische Stichproben-Parameter: Zellwandanteile aus 0,5 cm Streifen

| Parameter/Stichprobe | Position | | Gesundheits-zustand | | Soziolog. Stellung | |
	i	a	g	k	her	beh
Anzahl Messungen	49	49	48	50	48	50
Mittelwert	40,0	41,0	40,3	40,7	38,5	42,5
Vertrauensintervall (P=95%)±	1,39	1,58	1,40	1,57	1,31	1,43
Variabilitätskoeff. d. Mittelw.	1,73	1,92	1,73	1,92	1,69	1,68
Mindestprobenumfang (P=95%)	5,8	7,2	5,7	7,4	5,5	5,6
kleinster Wert	29,8	31,1	33,4	29,8	29,8	31,9
grösster Wert	53,7	53,4	53,7	53,4	47,4	53,7

Tabelle 5.4a: Vergleich des Zellwandanteiles in diversen Stichproben

Parameter/Vergleich	Standorte N/S	Nadelverlust g/k	g/k her	g/k beh
	1 cm	1.JR.	1 cm	0,5 cm
Tabellenwert F	1,60	1,96	2,01	1,99
bei P (%)	95	99	95	95
und FG	47/49	49/47	23/23	25/23
Testwert F	1,02	2,26	2,07	1,59
Signifikanz	–	**	*	–
Tabellenwert t	3,41	1,99	2,02	2,01
bei P (%)	99,9	95	95	95
und FG	96	86	41	48
Testwert t	3,89	0,66	1,52	0,76
Signifikanz	***	–	–	–

Ergebnisse der Vergleiche (t-Tests) im Ueberblick aller Messbereiche:				
1 cm	***	–	–	–
0,5 cm	**	–	–	–
1.JR.	*	–	–	–

Tabelle 5.4b: Vergleich des Zellwandanteiles in diversen Stichproben

Parameter/Vergleich	Soziol.Stellg. her/beh	Position i/a	i/a g	i/a k	i/a[1]
	0,5 cm	1.JR.	1.JR.	1.JR.	1.JR.
Tabellenwert F	1,60	1,96	2,01	3,74	
bei P (%)	95	99	95	99,9	
und FG	49/47	48/48	23/23	24/24	
Testwert F	1,25	2,64	1,04	4,49	
Signifikanz	–	**	–	***	
Tabellenwert t	3,41	1,99	2,01	2,03	2,68
bei P (%)	99,9	95	95	95	99
und FG	96	80	46	34	48
Testwert t	4,18	2,54	1,04	2,36	3,42
Signifikanz	***	*	–	*	**

[1] = Der Zellwandanteil ist in diesem Vergleich paarweise ausgeführt worden.

Ergebnisse der Vergleiche (t-Tests) im Ueberblick aller Messbereiche:					
1 cm	***	–	–	–	*
0,5 cm	***	–	–	–	–
1.JR.	**	*	–	*	**

**Tabelle 5.5: Statistische Stichproben-Parameter: Verhältnis der Zell-
wandanteile innen:aussen aus 0,5 cm Streifen**

Parameter/Stichprobe	Standort N + S	Gesundheits- zustand g	k	Soziolog. Stellung her	beh
Anzahl Messungen	49	24	25	24	25
Mittelwert	0,98	1,01	0,95	0,98	0,98
Vertrauensintervall (P=95%) ±	0,02	0,03	0,04	0,04	0,04
Variabilitätskoeff. d. Mittelw.	1,25	1,44	1,85	1,81	1,76
Mindestprobenumfang (P=95%)	3,1	2,0	3,4	3,1	3,1
kleinster Wert	0,75	0,84	0,75	0,75	0,79
grösster Wert	1,13	1,13	1,08	1,13	1,11

**Tabelle 5.6: Vergleich der Zellwandanteil-Verhältnisse innen:aussen in
diversen Stichproben**

Parameter/Vergleich	Soziolog. Stellung her/beh 1 cm	her/beh 0,5cm	her/beh 1.JR.	Gesundheitszustand g/k 1 cm	g/k 0,5cm	g/k 1.JR.
Tabellenwert F	1,86	1,86	1,86	1,86	1,86	1,86
bei P (%)	95	95	95	95	95	95
und FG	24/23	23/24	24/23	24/23	24/23	24/23
Testwert F	1,71	1,01	1,31	1,40	1,50	1,97
Signifikanz	–	–	–	–	–	*
Tabellenwert t	2,01	2,01	2,01	2,69	2,69	2,01
bei P (%)	95	95	95	99	99	95
und FG	47	47	47	47	47	43
Testwert t	1,26	0,01	0,41	2,75	2,85	1,40
Signifikanz	–	–	–	**	**	–

Tabelle 5.7: Zusammenhang zwischen dem Zellwandanteil aus 0,5 cm Streifen und einigen Merkmalen

Parameter/Zusammenhang	Soziolog. Stellung	Jahrring- breite	Kambium- alter	Nadel- verlust	Splintholz- anteil
Korrelationskoeffizient	0,39	0,29	0,26	0,10	0,10
Bestimmtheitsmass (%)	15,97	8,52	6,97	1,05	1,04
Tabellenwert t	3,39	2,63	1,98	2,01	2,01
bei P (%)	99,9	99	95	95	95
und FG	96	96	96	48	48
Testwert t	4,17	2,99	2,61	0,70	0,70
Signifikanz	***	**	*	–	–
Regressionstypus	–lin.	–lin.	–exp.	+lin.	+exp.
Tabellenwert F	11,52	6,91	3,94	4,05	4,05
bei P (%)	99,9	99	95	95	95
und FG	1/96	1/96	1/96	1/47	1/47
Testwert F	17,43	8,94	6,97	0,50	0,49
Signifikanz	***	**	*	–	–

Ergebnisse der Zusammenhänge (F-Tests) im Ueberblick aller Messbereiche					
1 cm	***	*	**	–	–
0,5 cm	***	**	**	–	–
1.JR.	**	*	–	–	–

Tabelle 5.8: Einige ausgewählte Zusammenhänge

Parameter/ Zusammenhang	Verhältnis der Nadelverlust 0,5 cm	Zellwandanteile Verhältnis der Jahrringbreiten 0,5 cm	Nadelverlust Jahrringbreite aussen 1.JR.	Splintholzanteil Jahrringbreite aussen 0,5 cm
Korrelationskoeff.	0,35	0,34	0,57	0,57
Bestimmtheitsmass (%)	12,27	11,71	32,55	32,49
Tabellenwert t	2,01	2,01	3,51	3,51
bei P (%)	95	95	99,9	99,9
und FG	47	47	47	47
Testwert t	2,56	2,50	4,76	4,76
Signifikanz	*	*	***	***
Regressionstypus	–lin.	–log.	–log.	+log.
Tabellenwert F	4,05	4,05	12,32	12,32
bei P (%)	95	95	99,9	99,9
und FG	1/47	1/47	1/47	1/47
Testwert F	6,57	6,23	22,68	22,62
Signifikanz	*	*	***	***

Ergebnisse der Zusammenhänge (F-Tests) im Ueberblick aller Messbereiche				
1 cm	*	*	***	***
0,5 cm	*	*	***	***
1.JR.	–	–	***	**

5.3 Diskussion

Der mittlere <u>Zellwandanteil</u> eines Jahrringes ist, ähnlich wie die Tracheidenlänge, ein recht konstantes Merkmal des Holzgewebes. Die Schwankungen des Zellwandanteiles sind zwar grösser als jene der Tracheidenlänge (vgl. Tabellen 4.3, 5.3a und 5.3b), jedoch weit geringer, als die Veränderungen der Jahrringbreite innerhalb des gleichen Zeitraumes (vgl. Tabelle 5.3 sowie Bilder 5.1 und 5.2). Ein wesentlicher Unterschied zwischen dem Zellwandanteil und der Tracheidenlänge besteht hinsichtlich dominierender Einflussgrössen. Die Tracheidenlänge wird grösstenteils durch endogene Einflüsse gesteuert, welche in der Messgrösse "Kambiumalter" erfasst werden. Zusammengefasst werden dabei die Versorgung des Kambiums mit Assimilaten und Wuchsstoffen wie auch eigentliche Alterungsprozesse. Der Zellwandanteil unterliegt vor allem exogenen Einflüssen, welche wir als "Standort" und "soziologische Stellung" erfasst haben. Hinter diesen Begriffen sind klimatische, bodenkundliche und bestandesstrukturelle Bedingungen zu vermuten, die wir nicht näher untersuchen konnten. Erst in zweiter Reihe wird der Zellwandanteil durch das Kambiumalter beeinflusst. Aehnlich wie die Tracheidenlänge, ist auch der Zellwandanteil mit der Jahrringbreite indirekt proportional korreliert. In breiteren Jahrringen findet man kürzere Tracheiden mit dünneren Zellwänden als in vergleichbaren schmaleren Jahrringen (vgl. Bilder 4.6, 5.4 und 5.7). Weder der Nadelverlust noch der Splintholzanteil sind mit dem Zellwandanteil direkt korreliert. Betrachtet man jedoch die Veränderung des Zellwandanteiles innerhalb einer Zeitperiode am gleichen Radius, so ergibt sich ein statistisch gesicherter Zusammenhang (vgl. Bild 5.6), dessen Ausmass jedoch aus praktischer Sicht als bescheiden einzustufen ist. Hingegen konnte der Zusammenhang Nadelverlust – Jahrringbreite (vgl. Bild 5.8) erneut bestätigt, der innere Zusammenhang Splintholzanteil – Jahrringbreite (vgl. Bild 5.9) zum erstenmal belegt werden. Damit wird die Ausgangshypothese (vgl. Kapitel 3) über die wechselseitigen <u>Zusammenhänge zwischen Nadelverlust, Splintholzanteil und radialem Baumwachstum</u> als bewiesen angesehen.

Unsere Ergebnisse stehen im Einklang mit einigen bisherigen Beobachtungen, die allerdings unter anderen methodischen Voraussetzungen durchgeführt wurden. Im Rahmen seiner Diplomarbeit fand UTSCHIG (1983, zitiert nach GROSSER, SCHULZ und UTSCHIG 1985) hinsichtlich Zellwanddicke der Tracheiden und damit bezüglich des prozentualen Wandanteiles keine nennenswerten Unterschiede zwischen gesunden und erkrankten Fichten. Lediglich Bäume mit extrem starken Zuwachsdepressionen wiesen in einzelnen jüngsten Jahrringen reduzierte Wanddicken im Spätholzbereich auf, wie dies z.B. auch von stark unterdrückten gesunden Bäumen bekannt ist. Aehnliche Ergebnisse wurden für die Holzart Fichte auch von BAUCH, GöTTSCHE-KUHN und RADEMACHER (1986) erzielt. Diese Autoren berichten über eine ca. 30%-ige Reduktion der Zellwanddicke der Spätholzzellen sehr kranker Bäume in den zwei äussersten Jahrringen, im übrigen jedoch über nur geringfügige Unterschiede zwischen den Zellabmessungen gesunder und kranker Bäume. In einer früheren Arbeit berichteten FROHWALD, BAUCH und GöTTSCHE-KUHN (1984) über uneinheitliche Tendenzen hinsichtlich der Zelldimensionen in gesunden und erkrankten Fichten. In der gleichen Arbeit wurde jedoch gezeigt, dass die Raumdichte des Holzes kranker und gesunder Bäume grundsätzlich im gleichen Streubereich liegt. Hinweise, welche die hier zitierten bestätigen, ergänzen oder auf andere Holzarten erweitern findet man in der Literaturübersicht von BAUCH (1986).

<u>FAZIT:</u> Der <u>Zellwandanteil</u> der gesunden und kranken Fichte ist weitgehend ähnlich. Bei leicht erkrankten Bäumen ist zunächst mit schmaler werdenden Jahrringen eine geringe Zunahme des Zellwandanteiles festzustellen. Eine Umkehr dieses Trends kann in den letzten Jahrringen absterbender Bäume gelegentlich beobachtet werden. Der Zellwandanteil wird vorwiegend durch die Standortgüte (im weitesten Sinne) beeinflusst, steht aber auch mit dem Kambiumalter in gewissem Zusammenhang. Die <u>Jahrringbreite</u> hat sich auch in dieser Teiluntersuchung als mit dem Gesundheitszustand und dem Splintholzanteil relativ eng korrelierte Grösse erwiesen.

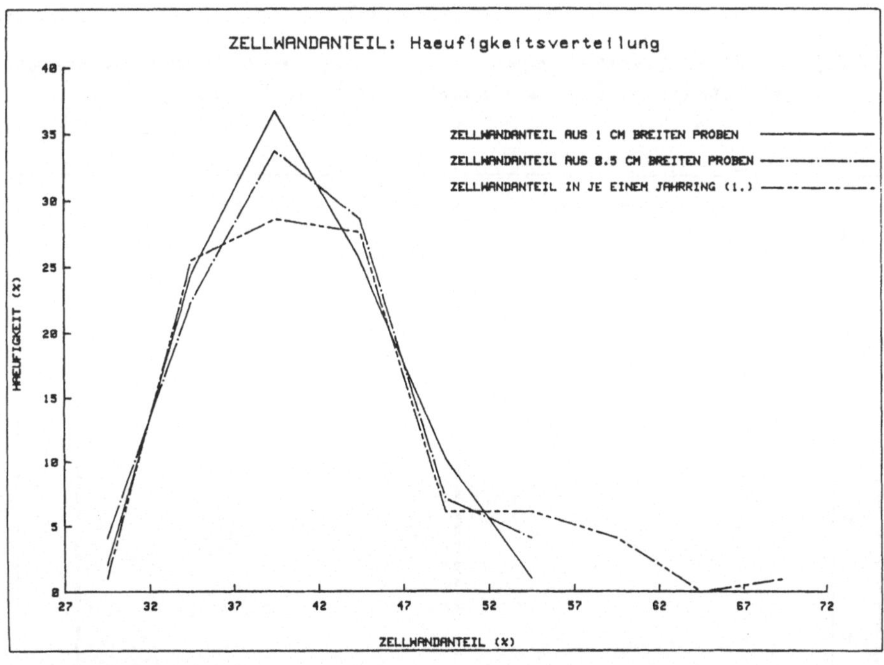

Bild 5.1: Häufigkeitsverteilungen der mittleren Zellwandanteile, eingeteilt in 5 % Klassen (N = 98 je Kurve).

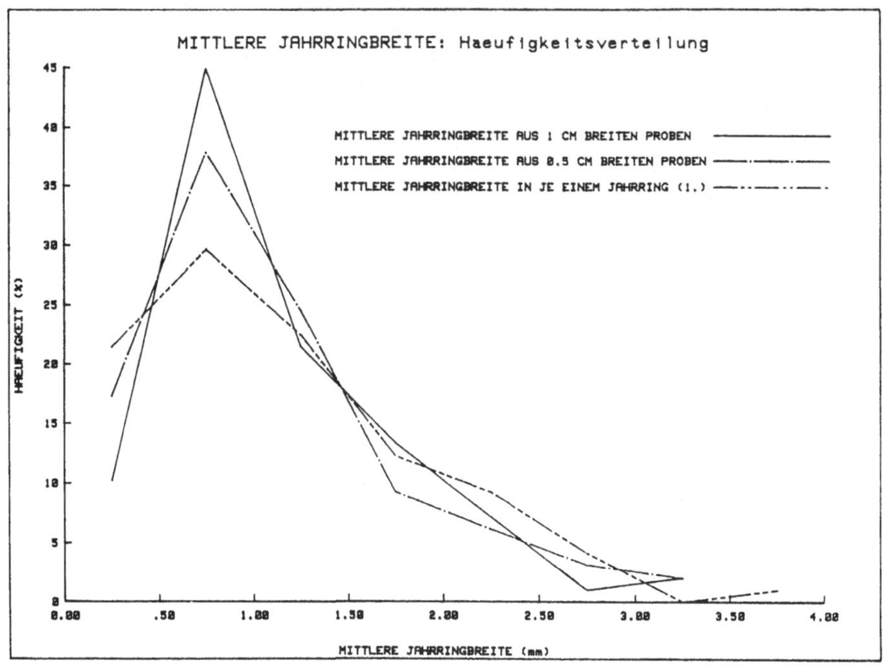

Bild 5.2: Häufigkeitsverteilungen der mittleren Jahrringbreiten, eingeteilt in 0,5 mm Klassen (N = 98 je Kurve).

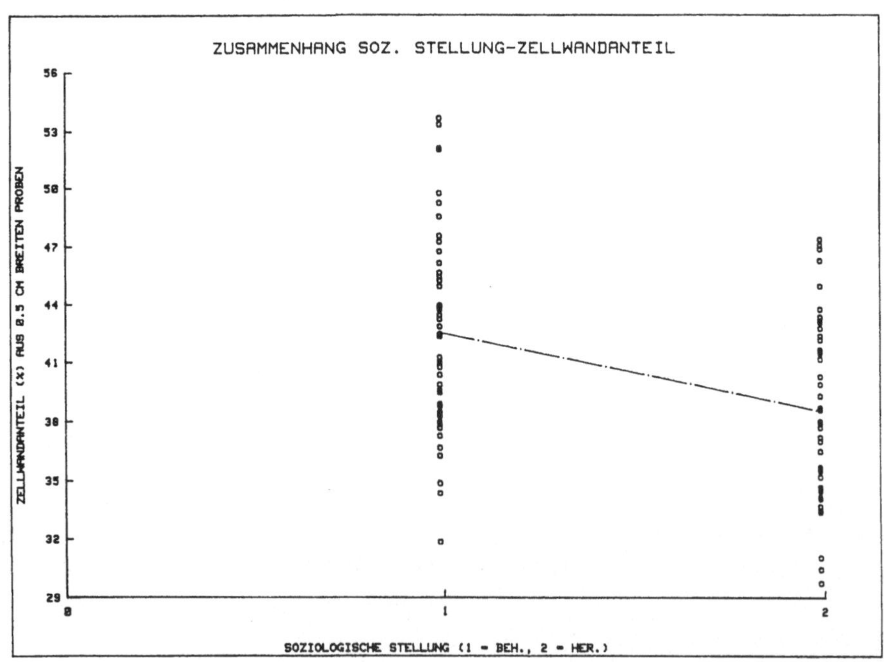

Bild 5.3: Zusammenhang zwischen der soziologischen Stellung und dem Zellwandanteil. Punkteschar und Regressionslinie (N = 98).

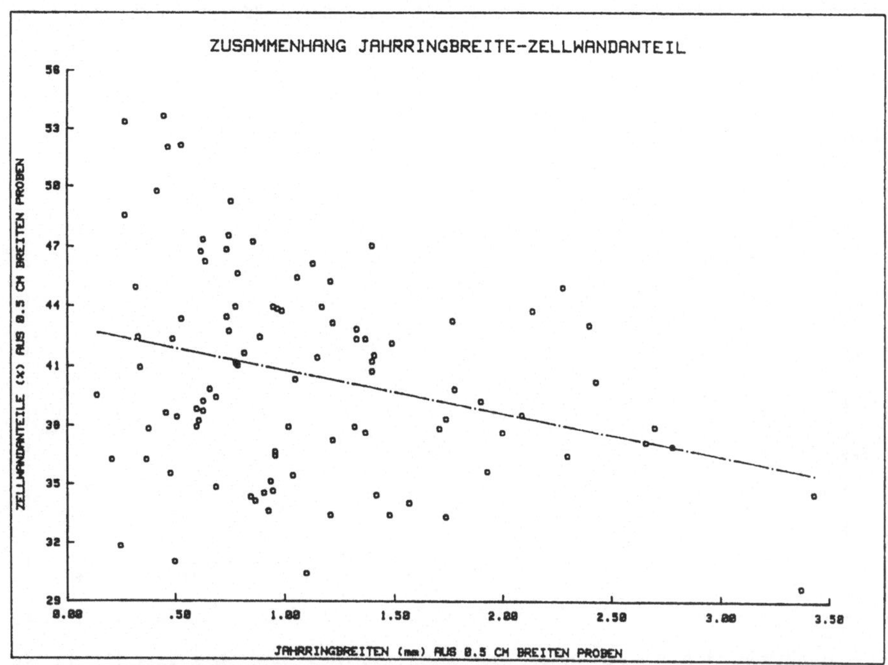

Bild 5.4: Zusammenhang zwischen der Jahrringbreite und dem Zellwandanteil. Punkteschar und Regressionslinie (N = 98).

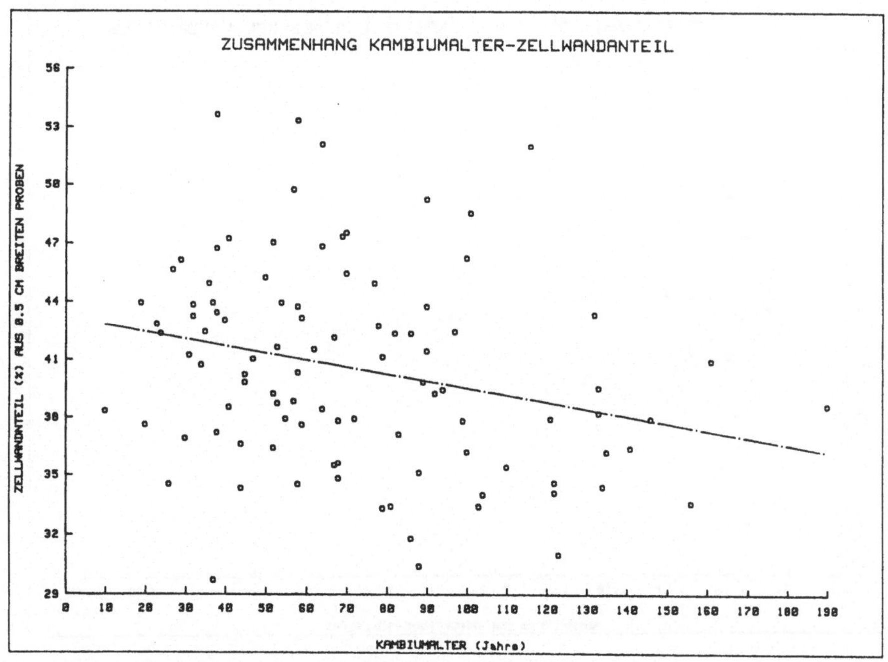

Bild 5.5: Zusammenhang zwischen dem Kambiumalter und dem Zellwandanteil. Punkteschar und Regressionslinie (N = 98).

104

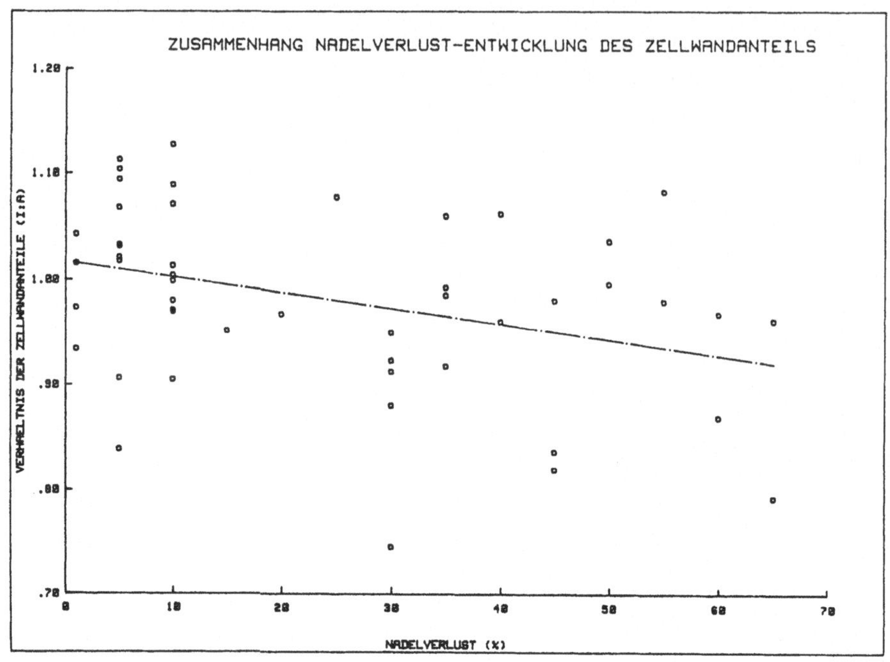

Bild 5.6: Zusammenhang zwischen dem Nadelverlust und dem Verhältnis der Zellwandanteile (innen:aussen). Punkteschar und Regressionslinie (N = 49).

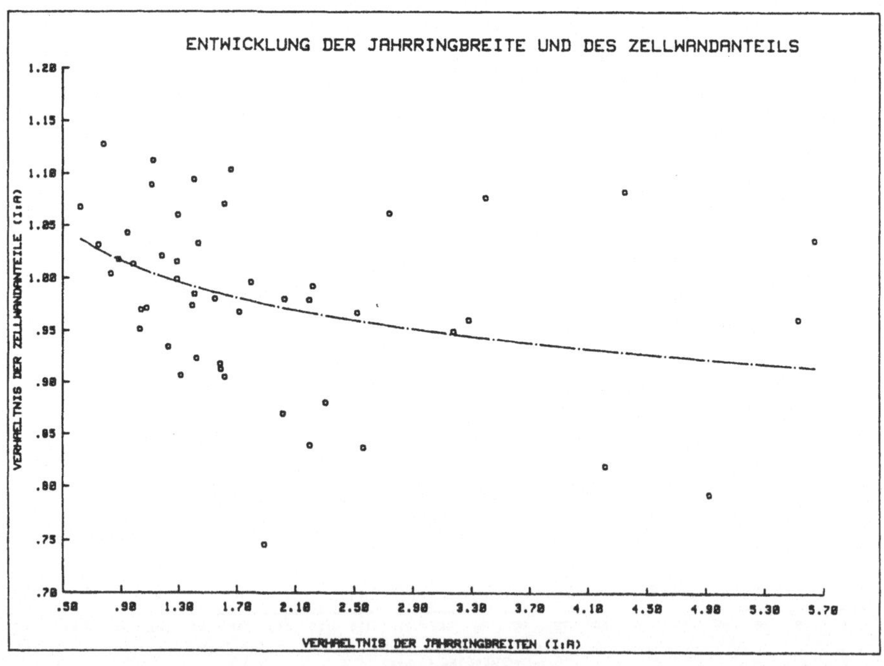

Bild 5.7: Zusammenhang zwischen dem Verhältnis der Jahrringbreiten (innen:aussen) und dem Verhältnis der Zellwandanteile (innen:aussen). Punkteschar und Regressionslinie (N = 49).

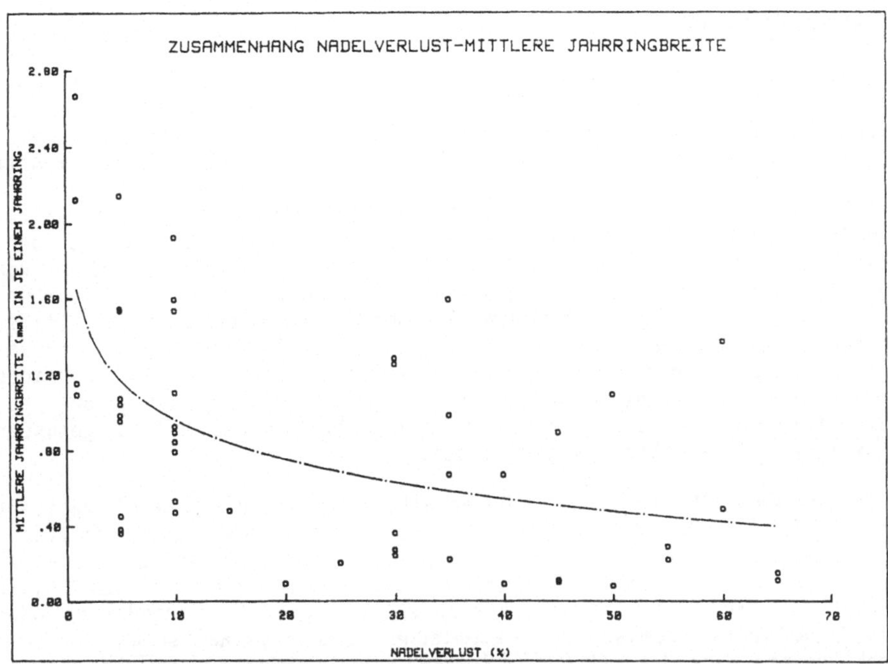

Bild 5.8: Zusammenhang zwischen dem Nadelverlust und der Breite des letztgebildeten Jahrringes (Position aussen). Punkteschar und Regressionslinie (N = 49).

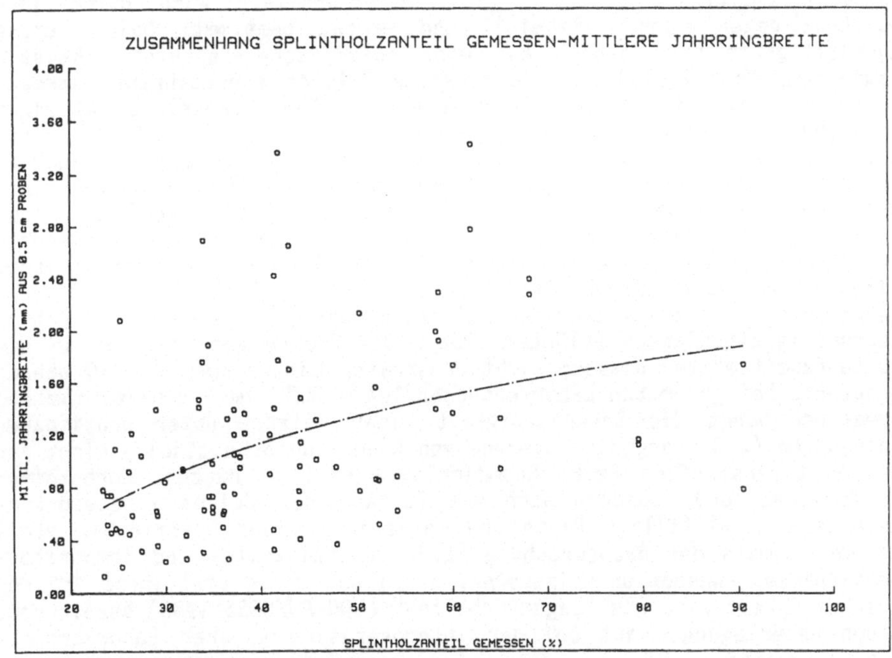

Bild 5.9: Zusammenhang zwischen dem Splintholzanteil aus der visuellen Erfassung und der Jahrringbreite (0,5 cm breite Probe, Position aussen). Punkteschar und Regressionslinie (N = 49).

6. DAUERHAFTIGKEIT

In den letzten Jahren wurde aus der forst- und holzwirtschaftlichen
Praxis wiederholt auf ein vermehrtes Auftreten von Verfärbungen und
Pilzbefall im Rund- und Schnittholz aus den geschädigten Bäumen
hingewiesen. Da diese Meldungen auf Einzelbeobachtungen beruhen, konnte
nicht entschieden werden, ob es sich um eine verschärfte Wahrnehmung der
Variabilität oder um eine tatsächliche Veränderung der Holzqualität
handelt. Verfärbungen können mit einem Pilzbefall (Bläuepilze oder
holzzerstörende Pilze) einhergehen, sie können aber auch als Folge von
physiologischen Vorgängen (oxidative Verfärbungen, z.B. die Tanninbräune
der Fichte) oder oberflächlichem Algenbelag entstanden sein. Trifft
Letzteres zu, so kann von einer eigentlichen Veränderung der Holzqualität nicht gesprochen werden. Jedoch selbst im Falle eines
vermehrten Pilzbefalles muss zwischen einer Veränderung der <u>natürlichen</u>
<u>Dauerhaftigkeit</u> und Differenzen im <u>Lagerverhalten</u> des Holzes gesunder
und kranker Bäume unterschieden werden.

Unter dem Begriff "natürliche Dauerhaftigkeit einer Holzart" versteht
man die Zeit, während der das im verarbeiteten oder unverarbeiteten
Zustand verwendete Holz ohne konservierende Massnahmen seinen ursprünglichen Gebrauchswert behält (KöNIG 1972). Die Dauerhaftigkeit der Hölzer
gründet sich auf ihrer Widerstandsfähigkeit gegen die Veränderung oder
Zerstörung ihres chemischen, anatomischen und physikalischen Aufbaues
durch äussere Einflüsse (VORREITER 1949). Je nachdem auf welche Einwir-
kung sich die Widerstandsfähigkeit einer Holzart bezieht (atmosphärische
Einflüsse, Einwirkung durch Chemikalien, Beanspruchung durch Feuer,
Zerstörung durch pflanzliche oder tierische Organismen), ist es uner-
lässlich, von einer spezifisch definierten Dauerhaftigkeit zu sprechen.
Die wohl wichtigste Dauerhaftigkeit einer Holzart wird durch ihre
Resistenz gegen einen Pilzbefall und -abbau bestimmt. Selbst diese
Dauerhaftigkeit muss jedoch auf eine spezifische Abbauform (Weiss-,
Braun- oder Moderfäule) und die konkrete Pilzart eingeschränkt werden.
Die Dauerhaftigkeit wird in diesem Sinne als Gewichtsverlust (%) einer
Holzprobe als Folge eines kontrollierten Pilzbefalles während einer
bestimmten Zeit angegeben. Die Ermittlung dieses Kennwertes kann auch an
behandelten Holzproben durchgeführt werden, um die Schutzwirkung einer
Behandlung nachzuweisen. Es liegen zwei genormte Verfahren zur
Bestimmung der Pilzresistenz vor, nämlich das in Europa verwendete
Klötzchenverfahren in Kolleschalen (EN 113) und die amerikanische
Soil-Block-Methode (ASTM D 1413 - 61).
Die natürliche Pilzresistenz der Holzarten führte zu deren Einteilung in
Dauerhaftigkeitsklassen (FINDLAY 1962). Die Fichte gehört dabei in die
vierte (zweitletzte) Klasse: nicht dauerhaft, Lebensdauer 5 - 10 Jahre,
Abbauwerte bei genormten Laborversuchen 10% - 30%. Im Gegensatz zum La-
borversuch hängt die Dauerhaftigkeit einer Holzart unter praxisnahen
Bedingungen (z.B. Langzeit-Lagerung von Rund- und Schnittholz) nicht nur
von den Eigenschaften (z.B. Raumdichte; Anteil an Harzen, Gerbstoffen
und Polyphenolen), sondern auch vom Zustand des Holzes (insbesondere
Wassergehalt, allfällige Risse und Verletzungen der Oberfläche, etc.)
und vom Ausmass der Beanspruchung (z.B. Feuchtigkeits- und Temperatur-
verhältnisse, Angebot an Pilzsporen, etc.) ab. Diese praktische Art der
Dauerhaftigkeit wird als "Lagerverhalten" (VON AUFSESS 1986) bezeichnet.
Diesen Ueberlegungen ist bei der Interpretation unserer Laborversuche
Rechnung zu tragen.

6.1 Material und Methoden

Die Untersuchung wurde auf 16 ausgewählte Fichten beschränkt, dies mit Rücksicht auf den Messaufwand (vgl. Bild 1.3) und nach der Norm EN 113 ausgeführt. Das Untersuchungsmaterial wurde auf der Höhe von 12 m den Stämmen entnommen. Das Versuchsmaterial wurde in frischem Zustand grob zugeschnitten und im Klimaraum bis zum Feuchtigkeitsgehalt von 15% - 18% vorgetrocknet. Dadurch konnten Rissbildungen oder ein unkontrollierter Pilzbefall verhindert werden. Das Splint- und das helle Kernholz wurden entsprechend sortiert. Aus dem vorgetrockneten Holz wurden je Baum und Position (Splint- oder Kernholz) etwa 40 - 50 Klötzchen von der Grösse 5 cm x 2,5 cm x 1,5 cm (axial x tangential x radial) zugeschnitten. Diese Probenform weicht zwar von der Norm ab, wurde jedoch gewählt, um die peripheren Holzpartien möglichst gut erfassen zu können. Dann wurden die Klötzchen im Trockenschrank 48 Stunden bei 50°C zwecks Abtötung allfälliger Organismen im Holz behandelt. Nach einer erneuten Klimatisierung wurden Volumen, Gewicht, Wassergehalt und Raumdichte (r_0 und r_{12}) der Proben gemessen bzw. berechnet. Die Bestimmung der Raumdichte r_{12} gilt nach der EN 113 als Grundlage für die Bildung von Stichproben, wobei die einzelnen Probekörper hinsichtlich Raumdichte vom Mittelwert nicht mehr als ± 5% abweichen dürfen. Jeweils zwei Proben in einer Kolleschale ergaben den r_{12} -Mittelwert. Die Stichproben umfassten 20 Probeklötzchen je Versuchsbaum und Position aus Neuendorf resp. 18 Probeklötzchen je Versuchsbaum und Position aus Ste Croix. Die Herstellung des Malzagar-Nährbodens, das Impfen und Ueberwachen der Pilzkultur, der Ein- und Ausbau der Holzproben und die Versuchsbedingungen (16 Wochen Dauer bei 22° ± 1°C Temperatur und 70% ± 5% rel. Luftfeuchtigkeit) entsprachen der Norm EN 113. Da bei den Nadelhölzern die Braunfäule als Abbauform (sog. Destruktionsfäule; vorzugsweiser Abbau der polysaccharidischen Zellwandkomponenten) dominiert, wurde als Testpilz der Kellerschwamm, <u>Coniophora puteana</u> (Schumacher ex Fries) Karsten, Stamm BAM Ebw. 15, gewählt. Bei den Positionsangaben in den Tabellen bedeutet "aussen" = Splintholz, "innen" = Kernholz. Die Auswertung erfolgte nach den Grundsätzen der Versuchsplanung (vgl. Kapitel 1.3).

Tabelle 6.1: Raumdichte- und Abbauwerte der Versuchsbäume

Nr.	Be-zeich-nung	Nadel-verlust %	Position A=aussen I=innen	Stich-proben-umfang	mittlere Raumdichte r_{12} ± 95% VG g/cm³	mittlerer Gewichtsverlust (Abbau)% ± 95% VG
1	FIN 10	0	A	20	0,422 ± 0,006	51,7 ± 1,8
2			I	18	0,392 0,006	45,9 2,1
3	FIN 11	0	A	20	0,457 0,007	50,0 1,9
4			I	20	0,410 0,006	44,8 1,1
5	FIN 13	30	A	20	0,449 0,006	49,4 2,8
6			I	18	0,360 0,006	47,7 1,9
7	FIN 19	15	A	20	0,416 0,005	50,5 1,4
8			I	18	0,410 0,006	44,8 2,6
9	FIN 23	10	A	20	0,429 0,005	44,4 1,0
10			I	20	0,434 0,006	40,8 1,4
11	FIN 24	10	A	20	0,390 0,004	54,6 2,1
12			I	20	0,403 0,006	45,3 1,8
13	FIN 26	45	A	18	0,508 0,009	43,7 0,7
14			I	20	0,453 0,006	41,3 1,3
15	FIN 27	35	A	20	0,552 0,007	39,6 2,0
16			I	20	0,546 0,007	35,9 1,6
17	FIS 50	5	A	16	0,440 0,006	52,8 3,2
18			I	16	0,387 0,004	51,5 3,9
19	FIS 51	5	A	16	0,427 0,004	50,1 3,1
20			I	14	0,397 0,006	48,9 3,8
21	FIS 52	55	A	12	0,430 0,005	50,6 3,4
22			I	14	0,383 0,005	48,7 2,4
23	FIS 53	45	A	14	0,496 0,006	49,4 3,8
24			I	14	0,459 0,005	49,2 3,9
25	FIS 62	10	A	18	0,435 0,004	62,7 2,5
26			I	12	0,445 0,006	59,2 2,4
27	FIS 63	10	A	18	0,472 0,005	61,4 1,9
28			I	16	0,471 0,004	60,0 2,2
29	FIS 71	50	A	14	0,436 0,007	62,0 1,8
30			I	14	0,461 0,007	60,3 1,2
31	FIS 72	55	A	16	0,408 0,007	66,1 0,5
32			I	14	0,389 0,005	64,3 1,8

6.2 Ergebnisse

Die Mittelwerte und die dazugehörenden Vertrauensgrenzen (P = 95%) der
Raumdichte und des Gewichtsverlustes der Proben sind in der Tabelle 6.1
zusammengestellt. Ferner enthält diese Tabelle die für dieses Kapitel
relevanten Baum- und Stichprobencharakteristiken. Auffallend ist die
sehr geringe Variabilität der Raumdichte-Mittelwerte. Ein Ueberblick
statistischer Kennwerte der Raumdichte-Messungen ist in der Tabelle 6.2
gegeben. Daraus geht hervor, dass die Raumdichte der einzelnen Proben
zwischen 0,342 g/cm³ und 0,578g/cm³ variierte. Die ausgezeichnete
Homogenität der Stichproben wird dadurch belegt, dass der Variabilitätskoeffizient des Mittelwertes im Maximum lediglich 0,87 % erreichte.
Sämtliche 32 Stichproben-Mittelwerte waren statistisch hoch gesichert.
(P = 99%). Tabelle 6.3 enthält ähnliche Angaben über die Gewichts-
verlust-Werte. Der Gewichtsverlust schwankte zwischen 29,1% und 67,6%.
Bei sämtlichen Stichproben war der Umfang für eine statistisch
gesicherte Aussage bei P = 95% gewährleistet, wie es dem Variabilitätskoeffizienten des Mittelwertes (Maximum: 3,67%) und der erforderlichen
Stichprobengrösse (Maximum: 9) zu entnehmen ist. Die statistischen
Stichproben-Parameter von Gruppen, gebildet nach den Kriterien Standort,
Gesundheitszustand und Position, sind in den Tabellen 6.4 (Raumdichte)
und 6.5 (Gewichtsverlust) zusammengetragen. Es zeigte sich dabei, dass
sämtliche Stichproben statistisch gesichert waren. Dies erlaubte es, die
in der Tabelle 6.6 aufgeführten Vergleiche mit folgenden Ergebnissen
anzustellen:

1. Die mittlere <u>Raumdichte</u> des Fichtenholzes aus den beiden Standorten
   ist nicht signifikant verschieden; dies im Widerspruch zum
   mikroskopischen Befund (vgl. Tabellen 5.3a und 5.4a). Ebenso besteht
   kein gesicherter Unterschied zwischen dem Holz gesunder und kranker
   Bäume. Hingegen erweist sich im paarweisen Vergleich das Splintholz
   (mittlere Raumdichte 0,443 g/cm³) schwerer als das Kernholz (mittlere
   Raumdichte 0,425 g/cm³). Dieser Unterschied ist in der Abnahme der
   Jahrringbreite bei gleichbleibender Breite der Spätholzzone
   begründet; er hat keine praktische Bedeutung.

2. Es besteht ein deutlicher Unterschied in der <u>Pilzresistenz</u> des Holzes
   beider Standorte, indem das Holz aus dem Standort Neuendorf
   (mittlerer Gewichtsverlust 45,7%) jenem aus Ste Croix (mittlerer
   Gewichtsverlust 56,1%) klar überlegen ist. Ueber die Ursache dieses
   statistisch sehr hoch gesicherten Unterschiedes können lediglich
   Vermutungen angestellt werden. Hingegen erwies sich das Holz aus
   gesunden und kranken Fichten hinsichtlich Pilzresistenz als
   ebenbürtig. Schliesslich zeigte ein paarweiser Vergleich der
   Positionen aussen (mittlerer Gewichtsverlust 52,4%) und innen
   (mittlerer Gewichtsverlust 49,3%) einen statistisch sehr hoch
   signifikanten Unterschied, der möglicherweise auf einen beschränkten
   Schutzeffekt von Kernholzsubstanzen im hellen Kernholz der Fichte
   zurückzuführen ist.

Die Ueberprüfung einiger Zusammenhänge ergab folgende Ergebnisse:
1. Zwischen dem Nadelverlust und der Raumdichte besteht ein statistisch
   gesicherter polynomialer Zusammenhang (Tabelle 6.7; Bild 6.1). Die
   Bestimmtheitsmasse variierten zwischen 20% - 69% Bei leicht erkrankten Bäumen (bis etwa Nadelverlust 40%) ist die Raumdichte mit dem
   Nadelverlust direkt proportional korreliert, bei schwer erkrankten
   Bäumen (ab etwa Nadelverlust 40%) indirekt proportional. Schwer zu
   erklären ist das völlig unterschiedliche Verhalten der beiden
   Standorte (Neuendorf: positiv-linearer Zusammenhang; Ste Croix:

polynomialer Zusammenhang).
Die Uebereinstimmung der Regressionslinien aus den Mittel- bzw.
Einzelwerten wurde systematisch überprüft und erwies sich als ganz
ausgezeichnet. Sie hängt mit der ausgeglichenen Grösse der einzelnen
Stichproben zusammen. Im Bild 6.1 werden beispielhaft die beiden
Regressionslinien dargestellt.

2. Zwischen dem Nadelverlust und der Pilzresistenz des Holzes besteht in
   keiner der untersuchten Gruppen ein gesicherter Zusammenhang (Tabelle
   6.8).

3. Der positive Zusammenhang zwischen der Position (innen, aussen)
   einerseits und der Raumdichte bzw. dem Gewichtsverlust andererseits
   ist schwach und in keinem Fall statistisch gesichert (Tabelle 6.9).
   Vergleicht man jedoch die Positionen nicht als Stichproben sondern
   paarweise (Tabelle 6.6), dann erweisen sich die Unterschiede als
   statistisch hoch bis sehr hoch gesichert. Grund dafür ist, dass beim
   paarweisen Vergleich die dominierende Variabilität zwischen den
   Versuchsbäumen ausgeschaltet wird.

4. Raumdichte und Gewichtsverlust stehen in einem schwer interpretier-
   baren polynomialen Zusammenhang (Bestimmtheitsmasse 1% - 40%), der
   aus dem unterschiedlichen Ergebnis aus den beiden Standorten (Neuendorf: negativ-exponentiell; Ste Croix: positiv-exponentiell) resultiert (Tabelle 6.10; Bild 6.2). Im Bild 6.2 sind die Regressionslinien beider Standorte mit den dazugehörigen Punktescharen und
   die gemeinsame Regressionslinie aus dem Messtotal dargestellt.

Tabelle 6.2: Gesamtüberblick statistischer Kennwerte der Raumdichte (N = 20)

Kennwert	Min.	bei	Max.	bei
Mittelwert	0,360	FIN 13 I	0,552	FIN 27 A
Variabilitätskoeff. d. Einzelwerte	1,65	FIS 53 A	3,68	FIN 26 A
Variabilitätskoeff. d. Mittelwertes	0,43	FIS 63 I	0,87	FIN 26 A
Probenumfang f. 95% Wahrscheinlichk.	1	FIS 52 A	1	FIN 26 A
Probenumfang f. 99% Wahrscheinlichk.	3	FIS 52 A	14	FIN 26 A
kleinster Wert	0,342	FIN 13 I	0,527	FIN 27 A
grösster Wert	0,378	FIN 13 I	0,578	FIN 27 A

Tabelle 6.3: Gesamtüberblick statistischer Kennwerte der Gewichtsver- luste (N = 12 bis 20)

Kennwert	Min.	bei	Max.	bei
Mittelwert	35,9	FIN 27 I	66,1	FIS 72 A
Variabilitätskoeff. d. Einzelwertes	1,38	FIS 72 A	14,3	FIS 50 I
Variabilitätskoeff. d. Mittelwertes	0,34	FIS 72 A	3,67	FIS 53 I
Probenumfang f. 95% Wahrscheinlichk.	1	FIS 72 A	9	FIS 50 I
Probenumfang f. 99% Wahrscheinlichk.	2	FIS 72 A	206	FIS 50 I
kleinster Wert	29,1	FIN 27 I	64,8	FIS 72 A
grösster Wert	42,3	FIN 27 I	67,6	FIS 72 I

Tabelle 6.4: Statistische Stichproben-Parameter: Raumdichte

Parameter/Stichprobe	Standorte			Gesundheitszust.		Position	
	N + S	N	S	g	k	a	i
Anzahl Messungen	32	16	16	16	16	16	16
Mittelwert	0,437	0,441	0,434	0,427	0,447	0,449	0,425
VI (P = 95%) ±	0,016	0,029	0,018	0,015	0,030	0,022	0,026
VK des Mittelwertes	1,80	3,07	1,94	1,63	3,12	2,27	2,72
Mindestprobenumfang	4,2	6,1	2,4	1,7	6,2	3,3	4,7
kleinster Wert	0,360	0,360	0,383	0,387	0,360	0,390	0,360
grösster Wert	0,552	0,552	0,496	0,472	0,552	0,552	0,546

VI = Vertrauensintervall
VK = Variabilitätskoeffizient

Tabelle 6.5: Statistische Stichproben-Parameter: Gewichtsverlust

Parameter/Stichrobe	Standorte			Gesundheitszust.		Position	
	N + S	N	S	g	k	a	i
Anzahl Messungen	32	16	16	16	16	16	16
Mittelwert	50,9	45,7	56,1	51,5	50,2	52,4	49,3
VI (P = 95%) ±	2,8	2,6	3,4	3,5	4,7	3,9	4,2
VK des Mittelwertes	1,36	2,69	2,85	3,21	4,40	3,51	4,04
Mindestprobenumfang	9,2	4,6	5,2	6,6	12,4	7,9	10,4
kleinster Wert	35,9	35,9	48,7	40,8	35,9	39,6	35,9
grösster Wert	66,1	54,7	66,1	62,7	66,1	66,1	64,3

Tabelle 6.6: Vergleich von Raumdichte- und Gewichtsverlust-Werten in diversen Stichproben

Parameter/Vergleich	Raumdichte			Gewichtsverlust		
	N/S	g/k	a/i[1]	N/S	g/k	a/i[1]
Tabellenwert F	2,28	3,52		2,28	2,28	
bei P (%)	95	99		95	95	
und FG	15/15	15/15		15/15	15/15	
Testwert F	2,58	4,01		1,70	1,78	
Signifikanz	*	**		–	–	
Tabellenwert t	2,06	2,07	2,95	3,65	2,04	4,07
bei P (%)	95	95	99	99,9	95	99,9
und FG	25	22	15	30	30	15
Testwert t	0,44	1,29	3,04	5,16	0,47	5,34
Signifikanz	–	–	**	***	–	***

[1]= Vergleich paarweise

Tabelle 6.7: Zusammenhang zwischen Nadelverlust und Raumdichte

Parameter/Stichprobe	Standorte			Position	
	N + S	N	S	a	i
Korrelationskoeffizient	0,44	0,55	0,83	0,47	0,50
Bestimmtheitsmass (%)	19,68	29,94	69,22	21,94	21,08
Tabellenwert t	2,04	2,14	4,14	2,04	2,14
bei P (%)	95	95	99,9	95	95
und FG	30	14	14	14	14
Testwert t	2,68	2,46	5,57	1,99	2,16
Signifikanz	*	*	***	–	*
Regressionstypus	poly.	lin.	poly.	poly.	poly.
Tabellenwert F	3,33	4,60	12,31	3,81	3,81
bei P (%)	95	95	99,9	95	95
und FG	2/29	1/14	2/13	2/13	2/13
Testwert F	3,55	5,98	14,62	1,83	1,74
Signifikanz	*	*	***	–	–

Tabelle 6.8: Zusammenhang zwischen Nadelverlust und Gewichtsverlust

Parameter/Stichprobe	Standorte			Position	
	N + S	N	S	a	i
Korrelationskoeffizient	0,38	0,50	0,19	0,38	0,41
Bestimmtheitsmass (%)	14,41	24,67	3,74	14,45	16,49
Tabellenwert t	2,04	2,14	2,14	2,14	2,14
bei P (%)	95	95	95	95	95
und FG	30	14	14	14	14
Testwert t	2,25	2,16	0,72	1,54	1,68
Signifikanz	*	*	–	–	–
Regressionstypus	poly.	-exp.	+log.	poly.	poly.
Tabellenwert F	3,33	4,60	4,60	3,81	3,81
bei P (%)	95	95	95	95	95
und FG	2/29	1/14	1/14	2/13	2/13
Testwert F	2,44	4,58	0,54	1,09	1,28
Signifikanz	–	–	–	–	–

Tabelle 6.9: Zusammenhang zwischen Position und Raumdichte bzw. Gewichtsverlust

Parameter/Zusammenhang/Stichprobe	Raumdichte			Gewichtsverlust		
	N + S	N	S	N + S	N	S
Korrelationskoeffizient	0,29	0,30	0,30	0,22	0,49	0,13
Bestimmtheitsmass (%)	8,42	8,81	8.80	4,74	24,2	1,73
Tabellenwert t	2,04	2,14	2,14	2,04	2,14	2,14
bei P (%)	95	95	95	95	95	95
und FG	30	14	14	30	14	14
Testwert t	1,66	1,18	1,18	1,24	2,10	0,49
Signifikanz	–	–	–	–	–	–
Regressionstypus	+exp.	+exp.	+exp.	+exp.	+log.	+log.
Tabellenwert F	4,17	4,60	4,60	4,17	4,60	4,60
bei P (%)	95	95	95	95	95	95
und FG	1/30	1/14	1/14	1/30	1/14	1/14
Testwert F	2,76	1,35	1,35	1,49	4,48	0,25
Signifikanz	–	–	–	–	–	–

6.3 Diskussion

Den Fragen des Lagerverhaltens und der natürlichen Dauerhaftigkeit von Fichtenholz aus geschädigten Bäumen wurde in der letzten Zeit einige Aufmerksamkeit gewidmet. Es wurden dabei verschiedene Krankheitserreger und- formen untersucht, nämlich:
- Bakterien(Bacillus sp., Streptomyces sp.),
- Bläuepilze (Ceratocystis piceae u.a.),
- Rotstreifigkeitserreger (Stereum sanguinolentum u.a.),
- echte holzzerstörende Pilze (Coniophora puteana, Poria monticola, Gloephyllum abietinum, Fomes annosus u.a.).

OBERLÄNDEROVÁ und NEČESANÝ (1987) zeigten einen klaren Zusammenhang zwischen den äusseren Merkmalen des Rundholzes (Rindenschäle, radiale Rissbildungen) und einem Befall durch Pilze. Auch konnte ein vermehrtes Auftreten von Bakterien und Pilzen im Stamm- und Wurzelholz geschädigter Fichten im Vergleich zu den gesunden Bäumen belegt werden (SCHMIDT 1985; SCHMIDT, BAUCH, RADEMACHER und GöTTSCHE-KUHN 1986).

Das <u>Lagerverhalten</u> des Holzes gesunder und kranker Fichten wurde in mehreren Versuchen als gleich bewertet (FRUHWALD, BAUCH und GöTTSCHE-KUHN 1984; VON AUFSSESS 1986; SCHMIDT, BAUCH, RADEMACHER und GöTTSCHE-KUHN 1986).
FRUHWALD und GöTTSCHE-KUHN (1986) weisen auf eine zeitliche Vorver-schiebung in der Infektionsgefahr beim Holz geschädigter Bäume hin. Sie fanden nach kurzer Lagerdauer (4 Monate) eine höhere Befallsquote bei den geschädigten Bäumen, hingegen nach 7 Monaten Lagerung eine stärkere Entwertung des Holzes gesunder Bäume. ASZMUTAT, KOLTZENBURG und WEISS (1986) stellten ein unterschiedliches Auftreten von Pilzgruppen bei höherer Schadstufe (Holzzerstörer etwas zunehmend, jedoch bei Schadstufe 3 wieder abnehmend, Hefen abnehmend) fest. In den meisten dieser Lagerversuche wurde eine technologische Holzentwertung (verminderte Festigkeitseigenschaften) nicht belegt.

Die <u>Pilzresistenz</u> des Holzes gesunder und erkrankter Fichten wurden in mehreren Laboruntersuchungen getestet. SAUR, SEEHANN und LIESE (1986) fanden bei Versuchen mit sechs Bläuepilzen (Aureobasidium pullulans, Ceratocystis piceae, C. piceaperda, Phialophora melinii, Phoma sp., Verticicladiella sp.) eine Tendenz zur Verminderung der Verblau-ungsintensität mit steigender Schadklasse. Die Abbaugeschwindigkeit des Fichtenholzes durch holzzerstörende Pilze wurde durch BOSSHARD et al. (1986; Coniophora puteana), LIESE (1986; Coniophora puteana, Gloephyllum abietinum, Poria monticola) sowie SCHMIDT, BAUCH, RADEMACHER und GöTTSCHE-KUHN (1986; Coriolus versicolor, Heterobasidion annosum) untersucht. In keiner dieser Arbeiten konnte ein nennenswerter Unterschied zwischen dem Holz gesunder und geschädigter Bäume gefunden werden.

Unsere Ergebnisse bestätigen die bisherigen Befunde. Interessant ist die unterschiedliche Pilzresistenz des Holzes von den beiden Standorten. Eine mögliche Erklärung dafür könnte in unterschiedlichem Auftreten von anderen Mikroorganismen (Bakterien, Hefen) im Fichtenholz aus beiden Standorten gesehen werden. Diese Mikroorganismen können einem späteren Pilzbefall durch den Abbau von das Pilzwachstum fördernden Substanzen und durch pilzhemmende Ausscheidungen entgegenwirken (SCHMIDT, BAUCH, RADEMACHER und GöTTSCHE-KUHN 1986).

114

Die Raumdichte des Holzes erkrankter Fichten wurde in zahlreichen Untersuchungen als unverändert, erhöht oder vermindert beschrieben. Dies hängt sicher zum Teil mit der Probengrösse zusammen, die das Zusammenfassen verschiedenartiger Bereiche (breite, schmale und extrem schmale Jahrringe mit unterschiedlichem Spätholzanteil) erfordert. Mikroskopisch wurde gezeigt (GROSSER, SCHULZ und UTSCHIG 1985; BAUCH, GöTTSCHE-KUHN und RADEMACHER 1986), dass in den schmalen Jahrringen des Fichtenholzes die Spätholzanteile unverändert bleiben oder ansteigen. Erst bei sehr stark erkrankten Bäumen mit extremen Zuwachsdepressionen wurden verminderte Zellwanddicken in den Spätholztracheiden gefunden. Diese mikroskopischen Erkenntnisse stehen im Einklang mit unseren mikroskopischen (Tabellen 5.6 und 5.8; Bild 5.6) und makroskopischen (Tabelle 6.7; Bild 6.1) Ergebnissen.

FAZIT: Die <u>natürliche Dauerhaftigkeit</u> des Holzes gesunder und kranker Fichten ist ebenbürtig. Sie wird durch Standortsbedingungen, die Raumdichte und in geringerem Masse durch die Splintholz/Kernholz-Umwandlung beeinflusst. Die <u>Raumdichte</u> steht in einer Beziehung zum Gesundheitszustand und beschränkt auch zur radialen Position der Probe im Baumkörper. Ein signifikanter Einfluss des Standortes wurde nicht gefunden.

Tabelle 6.10: Zusammenhang zwischen Raumdichte und Gewichtsverlust

Parameter/Stichprobe	Standorte			Position	
	N + S	N	S	a	i
Korrelationskoeffizient	0,45	0,63	0,07	0,58	0,37
Bestimmtheitsmass (%)	20,67	39,88	0,51	33,75	13,72
Tabellenwert t	2,75	2,98	2,14	2,14	2,14
bei P (%)	99	99	95	95	95
und FG	30	14	14	14	14
Testwert t	2,76	3,04	0,26	2,66	1,49
Signifikanz	**	**	−	*	−
Regressionstypus	poly.	−exp.	+exp.	−exp.	poly.
Tabellenwert F	3,33	8,86	4,60	4,60	3,81
bei P (%)	95	99	95	95	95
und FG	2/29	1/14	1/14	1/14	2/13
Testwert F	3,78	9,29	0,07	7,13	1,03
Signifikanz	*	**	−	*	−

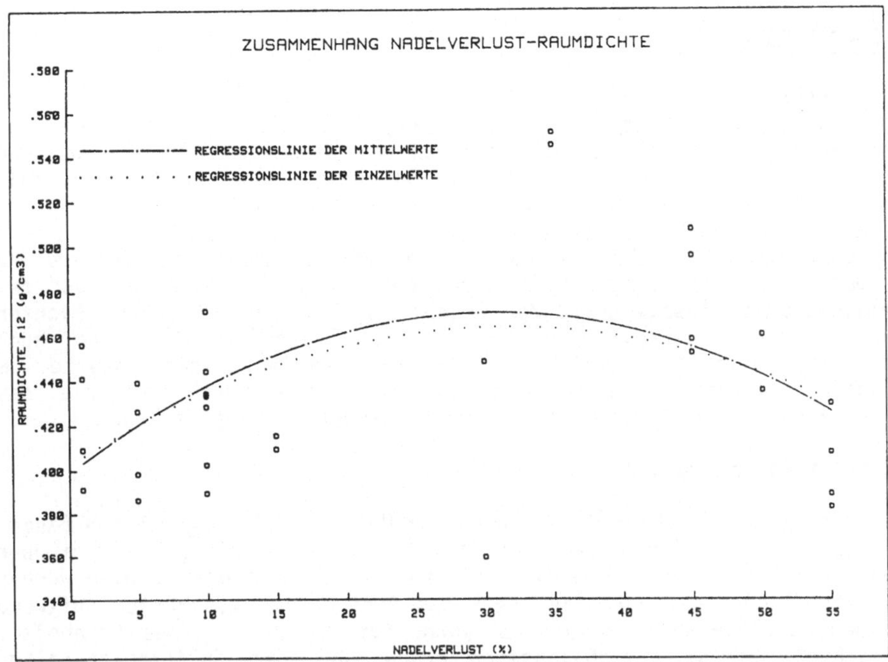

Bild 6.1: Zusammenhang zwischen dem Nadelverlust und der Raumdichte. Punkteschar, Regressionslinie aus den Mittelwerten (N = 32) und Regressionslinie aus den Einzelwerten (N = 550).

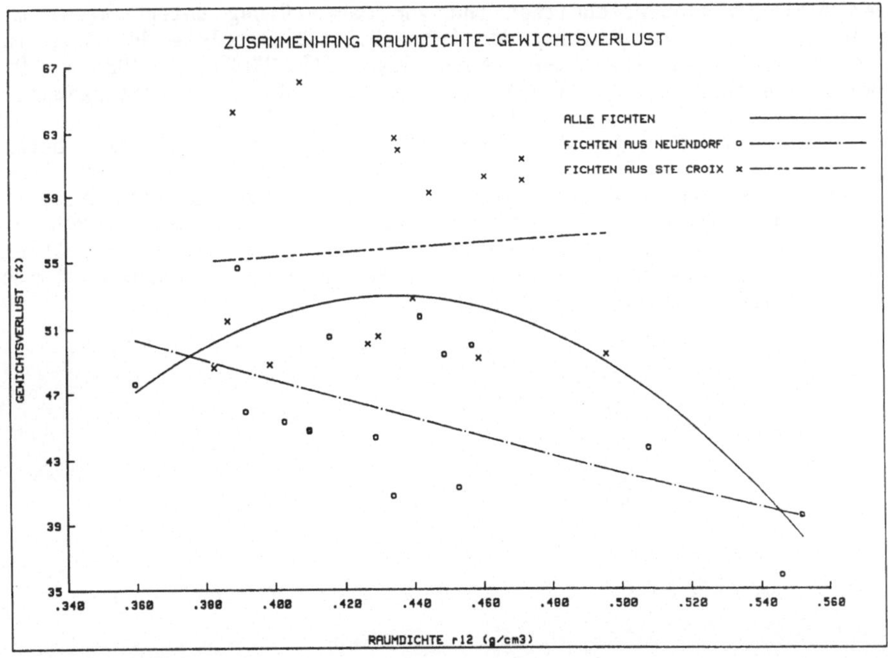

Bild 6.2: Zusammenhang zwischen der Raumdichte und dem Gewichtsverlust. Punkteschar und Regressionslinien nach Standorten (N = je 16) und gemeinsame Regressionslinie (N = 32).

7. DURCHLAESSIGKEIT

Die axiale Durchlässigkeit des Holzkörpers für Flüssigkeiten unter
Laborbedingungen steht im Zusammenhang mit dem anatomischen Bau
(Zellwanddicken, Anteil und Dimensionen des Wasserleitgewebes) und dem
Zustand (insbesondere Inaktivierung der Leitbahnen durch Hoftüpfel-
verschluss oder Gefässverthyllung) des Holzes. Aus der axialen
Durchlässigkeit kann vorsichtig auf das Trocknungsverhalten und die
Imprägnierbarkeit des Holzes geschlossen werden. Der Vorteil der Prüfung
der Durchlässigkeit liegt in der Einfachheit des Prüfverfahrens und der
vielschichtigen Aussagekraft der Ergebnisse. Da die erkrankten Fichten
sowohl schmale Jahrringe (mit erhöhtem Spätholzanteil) als auch
reduzierte Splintholzanteile und verminderte Wassergehaltswerte im
Splintholz aufweisen, schien es angezeigt, die Durchlässigkeit des
Holzes gesunder und kranker Fichten miteinander zu vergleichen.

7.1 Material und Methoden

Die Prüfung der Durchlässigkeit wurde am Holz von 16 ausgewählten Bäumen
durchgeführt. Das Probenmaterial stammte aus einer Höhe von 7 m über
Boden. Unmittelbar nach dem Heraustrennen der Stammstücke im Wald wurden
die Stirnflächen mit Paraffin gegen das Austrocknen geschützt. Aufgrund
der sehr schlechten Permeabilität wurde auf die Prüfung des Kernholzes
verzichtet, sodass ausschliesslich Proben aus dem Splintholzbereich,
gesondert nach den vier Haupthimmelsrichtungen, zur Untersuchung
gelangten. Je Position im Stamm wurden 2 x 5 in Faserrichtung überein-
ander angeordnete Proben verwendet, insgesamt also 40 Proben pro Stamm.
Die Probendimensionen betrugen 5 cm x ca. 4 cm x ca. 5 cm (axial x
radial x tangential). Die Querschnittsflächen der Proben wurden mit
einem Mikrotom glattgeschnitten und vor der Prüfung unter Vakuum mit
Wasser gesättigt. Die Prüfung der Permeabilität erfolgte in einer für
diesen Zweck konstruierten Messanlage (BUCHMÜLLER 1986). Die
Permeabilitätsbestimmung erfolgte in Faserrichtung, indem Leitungswasser
bei Zimmertemperatur und 2 bar Druck durch das Holz gepresst wurde. Das
Zentrum der kreisförmigen Prüffläche (Prüfquerschnitt 78,5 mm^2) befand
sich jeweils ca. 1,5 cm vom Kambium entfernt. Die aus der Probe
austretende Wassermenge pro Zeiteinheit ergab die Durchflussrate in
ml/min. Der Durchmesser (1 cm) der Prüffläche, dividiert durch die
Anzahl der sich darin befindenden Jahrringe bildete die mittlere
Jahrringbreite. Die mittleren Raumdichte-Werte pro Versuchsbaum stammen
aus der Teiluntersuchung Dauerhaftigkeit.

7.2 Ergebnisse

Die mittleren Jahrringbreiten und Durchflussraten und die jeweiligen Vertrauensgrenzen (P = 95%) sind in der Tabelle 7.1 einschliesslich der für die Auswertung wichtigen Baum- und Probencharakteristiken wiedergegeben. Baumweise Zusammenfassungen statistischer Kennwerte findet man in den Tabellen 7.2 (Jahrringbreiten) und 7.3 (Durchflussraten). Daraus geht hervor, dass die mittlere Jahrringbreite mit 40 Messungen pro Baum in 15 aus 16 Fällen statistisch gesichert war. Nur bei der Fichte FIN 27 wurde als Folge extremer Unterschiede in der Jahrringbreite nach verschiedenen Himmelsrichtungen diese Grenze nicht erreicht. Die mittlere Jahrringbreite variierte zwischen 0,4 mm (FIN 27, herrschend, Nadelverlust 35%, Alter 156 Jahre) und 3,3 mm (FIN 10, herrschend, Nadelverlust 0%, Alter 44 Jahre). Hingegen zeigte sich bei den Einzelwerten der Durchflussrate eine ganz extreme Variabilität, welche bewirkte, dass kein einziger Mittelwert, weder baum- noch positionsweise ermittelt, statistisch gesichert war. Die Durchflussrate variierte zwischen 1,4 ml/min. und 622,2 ml/min. Interessanterweise fanden wir die geringste Variabilität der Jahrringbreiten wie auch der Durchflussraten bei der Fichte FIS 62 (herrschend, Nadelverlust 10%, Alter 166 Jahre). Tabellen 7.4a und 7.4b enthalten die statistischen Stichproben-Parameter der mittleren Jahrringbreiten und der Durchflussraten, geordnet nach den Kriterien Himmelsrichtung, Standort und Gesundheitszustand. Es geht aus diesen Tabellen hervor, dass der erforderliche Mindestprobenumfang für eine statistisch gesicherte Aussage (P = 95%) durchwegs nicht erreicht wurde. Entsprechend sind die Testergebnisse in der Tabelle 7.5 vorsichtig zu interpretieren. Die Vergleiche in dieser Tabelle zeigen keinen Unterschied in der Durchflussrate des Fichtenholzes aus verschiedenen Standorten, unterschiedlichen Himmelsrichtungen und Bäumen von verschiedenem Gesundheitszustand. Tabelle 7.6 enthält einige ausgewählte Zusammenhänge, deren Ueberprüfung folgende Ergebnisse ergab:

1. Nadelverlust und Jahrringbreite aus 7 m Höhe sind miteinander statistisch signifikant korreliert (Bild 7.1; Bestimmtheitsmass 38%). Diese Tatsache wie auch der negativ-logarithmische Regressionstypus wurden bereits im Kapitel 4 (Bild 4.7: Jahrringbreiten aus 2 m und 12 m Höhe) und Kapitel 5 (Bild 5.8: Jahrringbreiten aus 7 m Höhe) erörtert. Die fast völlige Uebereinstimmung der Regressionslinien in den Bildern 5.8 und 7.1 bestätigt die Richtigkeit der im Kapitel 5 neu eingeführten bildanalytischen Untersuchungsmethoden.
2. Zwischen dem Nadelverlust und der Durchflussrate besteht kein statistisch gesicherter Zusammenhang.
3. Die mittlere Jahrringbreite steht weder mit der Raumdichte noch mit der Durchflussrate in einer statistisch gesicherten Beziehung.
4. Zwischen der Raumdichte und der Durchflussrate besteht hingegen ein hoch bis sehr hoch signifikanter negativ-exponentieller Zusammenhang. (Bild 7.2; Bestimmtheitsmass 49%). Die im Bild 7.2 eingezeichneten Regressionslinien basieren auf den Einzelwerten (N = 640), den Mittelwerten aus den Himmelsrichtungen jeden Baumes (N = 64) und aus den Mittelwerten je Baum (N = 16). Die Regressionslinien sind nahezu identisch, und die Bestimmtheitsmasse und Korrelationskoeffizienten nur graduell verschieden. Hingegen kann in diesem (wie übrigens in vielen ähnlichen Fällen) durch die Einbeziehung der gegenseitig nicht unabhängigen Wiederholungen (= Einzelwerte) eine rein rechnerische Verbesserung der Signifikanz des Zusammenhanges – eine sogenannte Scheinsignifikanz – herbeigeführt werden. Daher basierten unsere Auswertungen auf Mittelwerten.

118

Tabelle 7.1: Mittlere Jahrringbreite und Durchflussrate der Versuchsbäume

Nr.	Bezeich-nung	Nadel-verlust %	mittlere Jahrring-breite mm		mittlere Raumdichte g/cm³	mittlere Durchflussrate ± 95% VG ml/min.	
1	FIN 10	0	2,5	± 0,1	0,442	65,9	± 17,6
2	FIN 11	0	2,3	0,1	0,457	59,0	8,3
3	FIN 13	30	2,1	0,1	0,449	60,8	10,6
4	FIN 19	15	1,2	0,1	0,416	51,6	7,3
5	FIN 23	10	1,5	0,2	0,429	220,7	41,7
6	FIN 24	10	1,9	0,1	0,319	174,0	24,0
7	FIN 26	45	1,0	0,1	0,508	6,5	2,0
8	FIN 27	35	0,9	0,2	0,552	31,1	5,3
9	FIS 50	5	2,3	0,2	0,440	34,6	6,9
10	FIS 51	5	1,2	0,0	0,427	69,9	9,1
11	FIS 52	55	1,6	0,1	0,430	72,0	9,1
12	FIS 53	45	1,6	0,1	0,496	21,2	2,5
13	FIS 62	10	0,9	0,0	0,435	60,1	6,3
14	FIS 63	10	0,9	0,0	0,472	96,6	10,8
15	FIS 71	50	1,0	0,1	0,436	102,2	11,3
16	FIS 72	55	1,0	0,1	0,408	122,1	13,9

Tabelle 7.2: Gesamtüberblick statistischer Kennwerte der mittleren Jahrringbreiten (N = 40)

Kennwert	Min.	bei	Max.	bei
Mittelwert	0,9	FIN 27	2,5	FIN 10
Variabilitätskoeff. d. Einzelwerte	9,25	FIS 62	75,83	FIN 27
Variabilitätskoeff. d. Mittelwertes	1,46	FIS 62	11,99	FIN 27
Probenumfang für 95% Wahrscheinlichk.	4	FIS 62	230	FIN 27
Probenumfang für 99% Wahrscheinlichk.	86	FIS 62	5750	FIN 27
kleinster Wert	0,4	FIN 27	2	FIN 10
grösster Wert	1,1	FIN 62	3,3	FIN 10

Tabelle 7.3: Gesamtüberblick statistischer Kennwerte der Durchflussraten (N = 40)

Kennwert	Min.	bei	Max.	bei
Mittelwert	6,5	FIN 26	220,7	FIN 23
Variabilitätskoeff. d. Einzelwerte	32,60	FIS 62	98,50	FIN 26
Variabilitästkoeff. d. Mittelwertes	5,15	FIS 62	15,57	FIN 26
Probenumfang für 95% Wahrscheinlichk.	43	FIS 62	389	FIN 26
Probenumfang für 99% Wahrscheinlichk.	1063	FIS 62	9703	FIN 26
kleinster Wert	1,4	FIS 26	60,2	FIN 24
grösster Wert	31,4	FIN 26	622,2	FIN 23

Tabelle 7.4a: Statistische Stichproben-Parameter: Mittlere Jahrringbreite und Durchflussrate

Parameter/Merkmal u.Stichprobe	A	B	Durchflussrate nach Himmelsrichtungen			
			N	O	S	W
Anzahl Messungen	16	16	16	16	16	16
Mittelwert	1,50	78,0	72,2	83,6	67,8	88,5
Vertrauensintervall (P = 95%) ±	0,30	29,7	27,1	32,0	22,5	45,2
Variabilitätskoeff. d. Mittelw.	9,40	17,9	17,6	17,9	15,6	24,0
Mindestprobenumfang (P = 95%)	56,5	205	199,1	206,0	155,0	368,3
kleinster Wert	0,91	6,5	2,9	15,3	3,8	4,1
grösster Wert	2,53	220,7	174,3	215,6	157,2	371,6

A = mittlere Jahrringbreite N + S
B = Durchflussrate N + S

Tabelle 7.4b: Statistische Stichproben-Parameter: Mittlere Jahrring breite und Durchflussrate

Parameter/Merkmal u. Stichprobe	Mittl. Jahrringbreite				Durchflussrate			
	N	S	g	k	N	S	g	k
Anzahl Messungen	8	8	8	8	8	8	8	8
Mittelwert	1,69	1,32	1,71	1,30	83,7	72,3	97,6	58,4
VI (P = 95%) ±	0,52	0,40	0,53	0,36	61,5	28,5	54,3	33,1
VK des Mittelwertes	13,0	12,7	13,3	11,6	31,2	16,7	23,6	24,0
MPU (P = 95%)	53,8	51,9	56,3	43,1	310,9	89	177,7	184,6
kleinster Wert	0,91	0,93	0,93	0,91	6,5	21,2	34,6	6,5
grösster Wert	2,53	2,31	2,53	2,15	220,7	122,1	220,7	122,1

VI = Vertrauensintervall
VK = Variabilitätskoeffizient
MPU = Mindestprobenumfang

Tabelle 7.5: Vergleich der verschiedenen Durchflussraten

Parameter/Vergleich	Himmelsrichtungen						Standorte N/S	A g/k
	N/O	N/S	N/W	O/S	O/W	S/W		
Tabellenwert F	2,28	2,28	2,28	2,28	2,28	3,52	3,73	3,73
bei P (%)	95	95	95	95	95	99	95	95
und FG	15/15	15/15	15/15	15/15	15/15	15/15	7/7	7/7
Testwert F	1,39	1,46	2,78	2,02	2,00	4,05	4,68	2,69
Signifikanz	–	–	*	–	–	**	*	–
Tabellenwert t	2,04	2,04	2,06	2,04	2,04	2,07	2,23	2,14
bei P (%)	95	95	95	95	95	95	95	95
und FG	30	30	25	30	30	22	10	14
Testwert t	0,58	0,27	0,66	0,86	0,18	0,87	0,40	1,45
Signifikanz	–	–	–	–	–	–	–	–

A = Gesundheitszustand

7.3 Diskussion

Die in dieser Untersuchung gemessenen <u>Durchflussraten</u> zeigen eine hohe Variabilität und zwar sowohl zwischen den Bäumen als auch (und besonders) innerhalb der Wiederholungen in der gleichen Position. Dies mag teilweise mit der unterschiedlich langen Lagerungszeit und unterschiedlicher Güte der geschnittenen Oberfläche in Zusammenhang stehen. Auch LIESE und PEEK (1985) betonen die "allgemein grossen Unterschiede" hinsichtlich Lösungsaufnahme und Eindringtiefe im Zusammenhang mit ihrer Untersuchung der Tränkbarkeit von Fichtenholz aus immissionsgeschädigten Beständen. Nach den hier vorliegenden Ergebnissen besteht in der Durchflussrate zwischen dem Holz gesunder und kranker Fichten wohl ein gewisser Unterschied (97,6 ml/min. resp. 58,4 ml/min.), dieser erweist sich jedoch angesichts der starken Streuung der Messwerte als statistisch nicht gesichert. LIESE und PEEK (1985) gelangten zum gleichen Ergebnis hinsichtlich der Tränkbarkeit.

<u>FAZIT:</u> Die <u>Durchlässigkeit</u> des Fichtenholzes steht in einem indirekt proportionalen Zusammenhang mit seiner Raumdichte. Weder Standort noch Gesundheitszustand des Baumes haben angesichts der ausgeprägten Variabilität des untersuchten Merkmals einen statistisch erwiesenen Einfluss. Die <u>Jahrringbreite</u> erwies sich einmal mehr als eine mit dem Gesundheitszustand des Baumes korrelierte Grösse.

Tabelle 7.6: Einige ausgewählte Zusammenhänge

Parameter/Zusammenhang	Nadelverlust		Mittlere Jahrringbreite		Raumdichte nach Durchflussrate		
	A	B	C	B	D	E	F
Korrelationskoeffizient	0,617	0,258	0,275	0,349	0,697	0,651	0,59
Bestimmtheitsmass (%)	38,02	6,66	7,56	12,16	48,55	42,3	34,49
Tabellenwert t	2,14	2,14	2,14	2,14	2,98	3,45	3,33
bei P (%)	95	95	95	95	99	99,9	99,9
und FG	14	14	14	14	14	62	638
Testwert t	2,93	1,00	1,07	1,39	3,64	6,75	18,46
Signifikanz	*	–	–	–	**	***	***
Regressionstypus	-log.	-exp.	-log.	poly.	-exp.	-exp.	-exp.
Tabellenwert F	4,60	4,60	4,60	3,81	8,86	11,93	10,93
bei P (%)	95	95	95	95	99	99,9	99,9
und FG	1/14	1/14	1/14	2/13	1/14	1/62	1/638
Testwert F	8,59	1,00	1,14	0,90	13,21	45,54	335,95
Signifikanz	*	–	–	–	**	***	***

A = Jahrringbreite
B = Durchflussrate
C = Raumdichte
D = (N = 16)
E = (N = 64)
F = (N = 640)

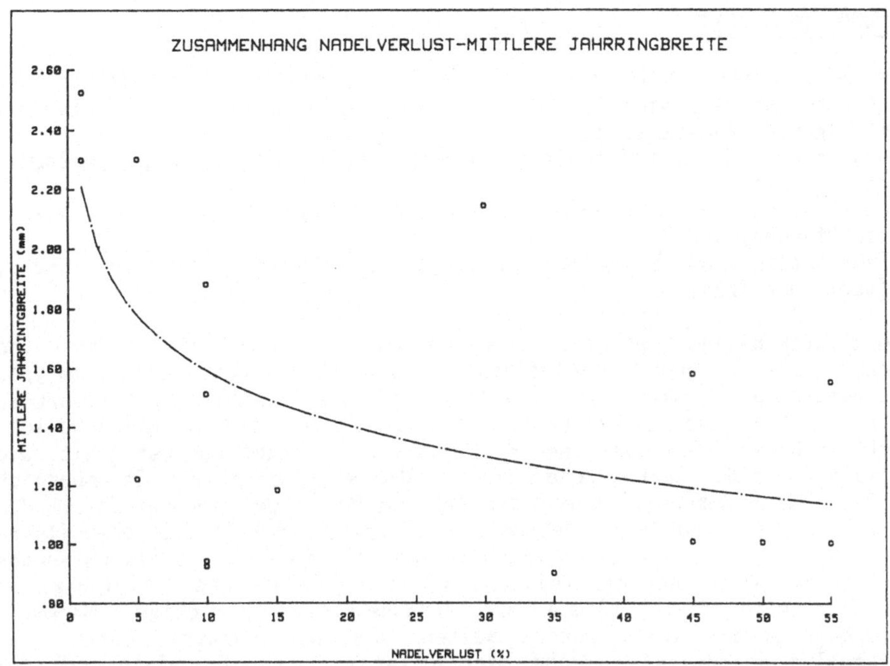

Bild 7.1: Zusammenhang zwischen dem Nadelverlust und der mittleren Jahrringbreite. Punkteschar und Regressionslinie (N = 16).

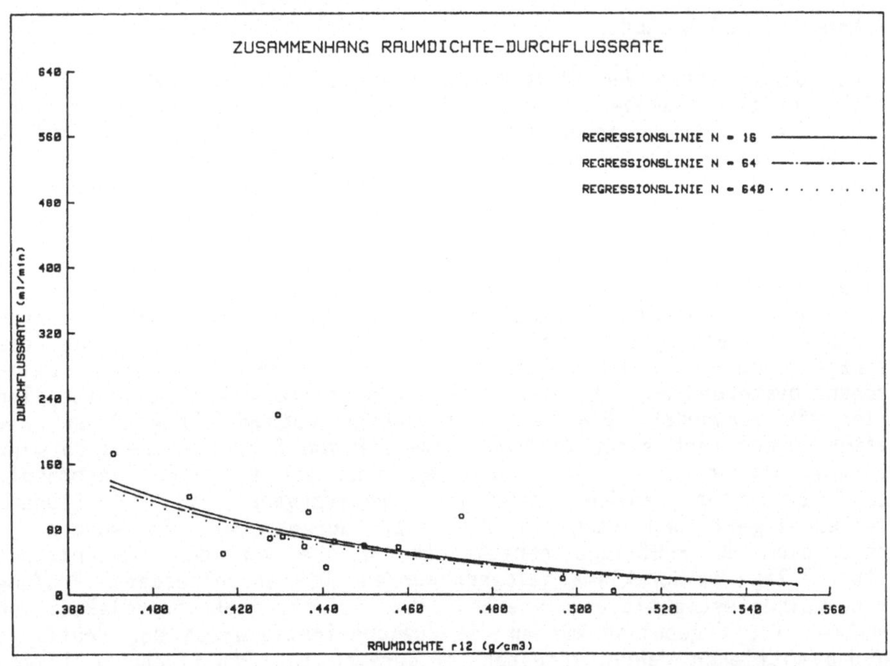

Bild 7.2: Zusammenhang zwischen der Raumdichte und der Durchflussrate. Punkteschar und Regressionslinien aus den Baum-Mittelwerten (N = 16), Positions-Mittelwerten nach Himmelsrichtungen (N = 64) und den Einzelwerten (N = 640).

8. VERLEIMBARKEIT

Die Verleimungstechnik nimmt in der industriellen Verarbeitung des Fichtenholzes eine wichtige Position ein. Verleimt wird das Fichtenholz mit folgenden Zielsetzungen:
- Gewinnung von grossflächigen Holzwerkstoffen (Holzspan-, Sperrholz- und Tischlerplatten),
- Herstellung von konstruktiven Holzverbindungen (Möbelbau, Holzkonstruktionen) und
- Fabrikation von tragenden Bauteilen besonderer Form oder Grösse (verleimte Träger).

Die meisten Bedingungen einer erfolgreichen Verleimung sind bekannt und können relativ leicht beeinflusst werden (z.B. Wahl des Leimtyps, Viskosität des Leimes, Dauer und Temperatur der Verleimung, Pressdruck, Beschaffenheit der zu verleimenden Oberflächen, usw.). Holzkundliche Merkmale haben ebenfalls einen Einfluss auf die Leimbindefestigkeit: die Holzart durch den anatomischen Bau und die Raumdichte, der Stammbereich (Splint- oder Kernholz) durch die Art und Menge der in den Zellwänden eingelagerten sekundären Metabolite (Terpene, Alkaloide, phenolische Verbindungen). Nicht ganz auszuschliessen ist ein Einfluss des pH-Wertes des Xylemwassers oder der Zellwand auf die erfolgreiche Verleimung. Da im Holz geschädigter Bäume mit Veränderungen der obigen Merkmale gerechnet werden kann, wurden seitens der Holzindustrie schon früh Vorbehalte angemeldet, welche sich allerdings hauptsächlich auf die Verwendung des Holzes aus dem Nasskernbereich der Tanne im Leimbau beschränkt haben. Unser Versuch soll zur Ueberprüfung möglicher Vorbehalte gegenüber Fichtenholz aus geschädigten Bäumen beitragen.

8.1 Material und Methoden

Für die Untersuchung der Verleimbarkeit wurden die gleichen 16 Fichten berücksichtigt, welche bereits hinsichtlich Dauerhaftigkeit und Durchlässigkeit herangezogen worden sind. Das Probenmaterial zur Prüfung der Klebefestigkeit entstammt aus 2 m Höhe über Boden. Da die Stämme FIS 52 und FIS 53 in den unteren Stammpartien Rotfäule aufwiesen, wurden sie aus der Untersuchung ausgeschlossen. Die im Wald gewonnenen 50 cm langen Stammabschnitte wurden zwecks Vermeidung von Trockenrissen in Klötze zersägt und im Normklima (DIN 50 014 - 20/65) vorkonditioniert. Anschliessend wurden aus den Kernzonen 5 mm dicke Probeplatten zubereitet und erneut im Normklima konditioniert. Die Verklebung und Prüfungsdurchführung erfolgte nach DIN 52 254. Als Leim wurde das Resorzin-Phenol-Formaldehyd-Harz Kauresin 460 (BASF) in einer Leimmischung bestehend aus 100 Gewichtsteilen Kauresin und 20 Gewichtsteilen Härter 468 verwendet. Die Leimauftragsmenge betrug 250 g/m² und die Platten wurden nach einer offenen Wartezeit von 5 min. während 25 min. bei einer Temperatur von 70° C und dem Druck von 0,7 N/mm² verpresst. Die Probeplatten wurden nach dem Pressvorgang ca. 18 Stunden zwischengelagert und dann in Prüflinge aufgetrennt. Es wurden je Versuchsbaum 30 Prüflinge hergestellt, welche vor der mechanischen Prüfung 7 Tage im Normklima gelagert wurden. Die anschliessende Prüfung der Leimbindefestigkeit erfolgte bei einer Belastungsgeschwindigkeit von 2 mm/min. Als Ergebnisse wurden die Zugscherfestigkeiten der Prüflinge und die mittleren Jahrringbreiten im Bereich der Prüffläche bestimmt. Die mittleren Raumdichte-Werte je Versuchsbaum sind der Teiluntersuchung Dauerhaftigkeit entnommen worden.

8.2 Ergebnisse

Tabelle 8.1 enthält die mittleren Jahrringbreiten und Zugscherfestigkeiten sowie die jeweiligen Vertrauensgrenzen (P = 95%) der
baumweise gruppierten Stichproben. Ferner findet man in dieser Tabelle
die für die Auswertung relevanten Baum- und Probencharakteristiken wie
Standort, Nadelverlust und mittlere Raumdichte. Aus dem Ueberblick der
statistischen Kennwerte der mittleren Jahrringbreiten (Tabelle 8.2) geht
hervor, dass die mittlere Jahrringbreite zwischen 1,2 mm (FIS 62,
herrschend, Nadelverlust 10%, Alter 166 Jahre) und 4,3 mm (FIN 10,
herrschend, Nadelverlust 0%, Alter 44 Jahre) variierte. 10 der 14
Stichproben waren statistisch gesichert; in vier Fällen wurde der
erforderliche Stichprobenumfang nicht erreicht. Die mittlere Zugscherfestigkeit der Stichproben variierte zwischen 6,69 N/mm^2 und 11,44 N/mm^2
(Tabelle 8.3). Sämtliche Stichproben waren statistisch gesichert, was
sowohl dem Variabilitätskoeffizienten des Mittelwertes (Maximum: 3,59%)
als auch dem Mindestprobenumfang für eine statistisch gesicherte Aussage
(Maximum: 16) entnommen werden kann. Die statistischen Stichproben-Parameter der mittleren Jahrringbreiten und der Zugscherfestigkeit,
geordnet nach den Kriterien Standort und Gesundheitszustand, findet man
in den Tabellen 8.4 und 8.5. Aehnlich wie im Kapitel Durchlässigkeit
erwiesen sich die Jahrringbreiten-Stichproben als zu klein und daher
statistisch nicht gesichert. Demgegenüber sind die Mittelwerte der
Zugscherfestigkeit mit zwei Ausnahmen statistisch gesichert. Ein
Vergleich der korrespondierenden Stichproben aus den Tabellen 8.4 und
8.5 ist in der Tabelle 8.6 dargestellt. Dabei erwiesen sich alle
geprüften Unterschiede als statistisch nicht gesichert, nicht zuletzt
als Folge der kleinen Stichprobenumfänge. Es wurden fünf Zusammenhänge
mit folgenden Ergebnissen (Tabelle 8.7) geprüft:

1. Zwischen dem Nadelverlust und der Jahrringbreite aus 2 m Höhe über
   Boden besteht ein statistisch gesicherter negativ-logarithmischer
   Zusammenhang (Bild 8.1). Das Bestimmtheitsmass dieses Zusammenhanges
   beträgt 36%. Die Besonderheit dieses Zusammenhanges liegt darin, dass
   die Jahrringbreiten das Holz aus der Position innen (Kernholz)
   charakterisieren. In anderen Worten ist der gegenwärtige Gesundheitszustand des Baumes (Nadelverlust) mit der Breite willkürlich
   ausgewählter Jahrringe korreliert, welche vor mindestens 10 und
   durchschnittlich vor ca. 30 - 50 Jahren angelegt wurden.
2. Der Nadelverlust und die Zugscherfestigkeit stehen in keinem
   statistisch gesicherten gegenseitigen Zusammenhang.
3. Zwischen der mittleren Jahrringbreite und der Raumdichte besteht ein
   gesicherter negativ-exponentieller Zusammenhang (Bild 8.2; Bestimmtheitsmass 39%). Dieser nahezu lineare Zusammenhang beruht auf einem
   Ansteigen des Spätholzanteiles (und somit der Raumdichte) bei der
   Abnahme der Jahrringbreite im Fichtenholz (SCHULTZE-DEWITZ 1958).
4. Die mittlere Jahrringbreite und die Zugscherfestigkeit stehen in
   einem statistisch gesicherten negativ-exponentiellen Zusammenhang
   (Bild 8.3; Bestimmtheitsmass 29%).
5. Zwischen der Raumdichte des untersuchten Fichtenholzes und der
   Zugscherfestigkeit von Prüflingen aus diesem Holz besteht ein
   positiv-linearer statistisch sehr hoch signifikanter Zusammenhang
   (Bild 8.4). Dieser Zusammenhang ist mit einem Korrelationskoeffizienten von r = 0,904 und einem Bestimmtheitsmass von B = 83%
   die engste aller in diesem Projekte geprüften Beziehungen.

Tabelle 8.1: Mittlere Jahrringbreite und Zugscherfestigkeit der Versuchsbäume

Nr.	Bezeich- nung	Nadel- verlust %	mittlere Jahrring- breite ± 95% VG mm	mittlere Raumdichte g/cm³	mittlere Zugscher- festigkeit ± 95% VG N/mm²
1	FIN 10	0	4,3 ± 0,3	0,392	7,23 ± 0,29
2	FIN 11	0	3,7 0,3	0,410	7,85 0,31
3	FIN 13	30	3,8 0,4	0,360	6,69 0,32
4	FIN 19	15	2,3 0,2	0,410	8,16 0,33
5	FIN 23	10	2,1 0,2	0,434	8,68 0,33
6	FIN 24	10	1,5 0,1	0,403	7,98 0,37
7	FIN 26	45	2,0 0,2	0,453	9,46 0,38
8	FIN 27	35	1,7 0,2	0,546	11,44 0,46
9	FIS 50	5	3,1 0,4	0,387	7,65 0,35
10	FIS 51	5	3,3 0,3	0,397	6,72 0,49
11	FIS 62	10	1,2 0,0	0,445	7,92 0,51
12	FIS 63	10	1,3 0,1	0,472	8,51 0,28
13	FIS 71	50	1,9 0,1	0,461	8,60 0,40
14	FIS 72	55	1,9 0,2	0,389	6,94 0,32

Tabelle 8.2: Gesamtüberblick statistischer Kennwerte der mittleren Jahrringbreiten (N = 30)

Kennwert	Min.	bei	Max.	bei
Mittelwert	1,2	FIS 62	4,3	FIN 10
Variabilitätskoeff. d. Einzelwerte	9,58	FIS 62	31,97	FIN 27
Variabilitätskoeff. d. Mittelwertes	1,75	FIS 62	5,84	FIN 27
Probenumfang für 95% Wahrscheinlichk.	4	FIS 62	41	FIN 27
Probenumfang für 99% Wahrscheinlichk.	92	FIS 62	1023	FIN 27
kleinster Wert	0,7	FIN 27	3,6	FIN 10
grösster Wert	1,5	FIS 62	6,7	FIN 10

Tabelle 8.3: Gesamtüberblick statistischer Kennwerte der Zugscherfestigkeiten

Kennwert	Min.	bei	Max.	bei
Mittelwert	6,69	FIN 13	11,44	FIN 27
Variabilitätskoeff. d. Einzelwerte	8,90	FIS 63	19,64	FIS 51
Variabilitätskoeff. d. Mittelwertes	1,62	FIS 63	3,59	FIS 51
Probenumfang für 95% Wahrscheinlichk.	4	FIS 63	16	FIS 51
Probenumfang für 99% Wahrscheinlichk.	80	FIS 63	386	FIS 51
kleinster Wert	3,79	FIS 51	8,69	FIN 27
grösster Wert	8,65	FIS 72	14,34	FIN 27

Tabelle 8.4: Statistische Stichproben-Parameter: Mittlere Jahrringbreite

Parameter/Stichprobe	Standorte N + S	N	S	A g	k
Anzahl Messungen	14	8	6	8	6
Mittelwert	2,43	2,67	2,12	2,57	2,25
Vertrauensintervall (P = 95%) ±	0,58	0,90	0,94	0,98	0,82
Variabilitätskoeff. d. Mittelwertes	11,05	14,25	17,21	16,24	14,22
Mindestprobenumfang (P = 95%)	68,4	65,0	71,0	84,4	48,5
kleinster Wert	1,18	1,54	1,18	1,18	1,68
grösster Wert	4,28	4,28	3,28	4,28	3,81

A = Gesundheitszustand

Tabelle 8.5: Statistische Stichproben-Parameter: Zugscherfestigkeit

Parameter/Stichprobe	Standorte N + S	N	S	A g	k
Anzahl Messungen	14	8	6	8	6
Mittelwert	8,13	8,44	7,72	7,82	8,55
Vertrauensintervall (P = 95%) ±	0,72	1,23	0,82	0,53	1,84
Variabilitätskoeff. d. Mittelwertes	4,08	6,19	4,13	2,88	8,38
Mindestprobenumfang (P = 95%)	9,3	12,3	4,1	2,7	16,9
kleinster Wert	6,69	6,69	6,72	6,72	6,69
grösster Wert	11,44	11,44	8,60	8,68	11,44

A = Gesundheitszustand

126

Tabelle 8.6: Vergleich von Jahrringbreiten und Zugscherfestigkeiten in diversen Stichproben

Parameter/Vergleich	Jahrringbreite		Zugscherfestigkeit	
	N/S	g/k	N/S	g/k
Tabellenwert F	4,82	4,82	4,82	7,46
bei P (%)	95	95	95	99
und FG	7/5	7/5	7/5	5/7
Testwert F	1,46	2,26	3,57	7,59
Signifikanz	–	–	–	**
Tabellenwert t	2,18	2,18	2,18	2,45
bei P (%)	95	95	95	95
und FG	12	12	12	6
Testwert t	1,03	0,56	1,07	0,97
Signifikanz	–	–	–	–

Tabelle 8.7: Einige ausgewählte Zusammenhänge

Parameter/Zusammenhang	Nadelverlust		Jahrringbreite		Raumdichte
	A	B	C	B	B
Korrelationskoeffizient	0,597	0,348	0,628	0,542	0,904
Bestimmtheitsmass (%)	35,59	12,12	39,46	29,41	83,20
Tabellenwert t	2,18	2,18	2,18	2,18	4,32
bei P (%)	95	95	95	95	99,9
und FG	12	12	12	12	12
Testwert t	2,58	1,29	2,80	2,23	7,32
Signifikanz	*	–	*	*	***
Regressionstypus	log.	log.	exp.	exp.	lin.
Tabellenwert F	4,75	4,75	4,75	4,75	18,64
bei P (%)	95	95	95	95	99,9
und FG	1/12	1/12	1/12	1/12	1/12
Testwert F	6,63	1,66	7,82	5,00	59,43
Signifikanz	*	–	*	*	***

A = Jahrringbreite
B = Zugscherfestigkeit
C = Raumdichte

8.3 Diskussion

Die <u>Zugscherfestigkeit</u> von Prüflingen aus Fichtenholz, verleimt mit einem Resorzin-Formaldehyd-Harz, ist eine Grösse, welche eine sehr gute Wiederholbarkeit aufweist. Somit eignet sie sich – im Gegensatz etwa zur Durchlässigkeit – als Testverfahren für Materialvergleiche. Die Variabilität der Zugscherfestigkeit konnte in unserem Versuch zu 83% durch die Variabilität der Raumdichte erklärt werden. Dies bedeutet gleichzeitig, dass die meisten Prüflinge durch einen Holzbruch (und nicht durch einen Bruch in der Leimfuge) zerstört wurden. In anderen Worten heisst das, dass die Leimbindefestigkeit – die ja höchstens 17% zur Variabilität der Zugscherfestigkeit beitragen konnte – unabhängig von der Herkunft der Probe (Standort, Gesundheitszustand) sehr gut war. Tatsächlich besteht zwischen den Standorten und den Bäumen verschiedenen Gesundheitszustandes kein Unterschied. Korreliert ist die Zugscherfestigkeit noch mit der mittleren Jahrringbreite, wenngleich dieser Zusammenhang weniger ausgeprägt ist als jener zwischen der Zugscherfestigkeit und der Raumdichte. Unsere Ergebnisse stehen im Einklang mit Befunden an phenolharzverleimten Spanplatten (BUCHHOLZER 1986; BUCHHOLZER und HARBS 1986). In den zitierten Arbeiten wurden phenolharzverleimte Spanplatten aus gesundem und stark immissionsgeschädigtem Fichtenholz hinsichtlich ihrer physikalischen (Dickenquellung) und elastomechanischen (Querzugfestigkeit, Biegefestigkeit, Biege-Elastizitätsmodul) Eigenschaften als gleichwertig befunden. Die von POPPER (1988) aufgezeigten veränderten Oberflächeneigenschaften des Holzes aus erkrankten Nadelbäumen haben seine Verleimbarkeit offenbar nicht oder nur geringfügig beeinflusst. POPPER's Befunde könnten jedoch eventuell eine gewisse Bedeutung bei der Oberflächenbehandlung des Holzes haben. Indirekt bestätigen unsere Ergebnisse die gleichwertige Zugfestigkeit des Holzes gesunder und kranker Fichten, wie dies durch Untersuchungen von GLOS und SCHULZ (1986) an Bauschnittholz belegt wurde.

Der statistisch gesicherte Zusammenhang zwischen dem gegenwärtigen Zustand der Baumkrone und der <u>Breite der Jahhringe</u> aus einer früheren Zeit (20 - 40 Jahre) überrascht nicht, denn es ist bekannt, dass der Gesundheitszustand kranker Fichten – im Gegensatz etwa zu erkrankten Laubbäumen – sich oft nur langsam verändert oder gar längere Zeit stationär sein kann. Der indirekt proportionale Zusammenhang zwischen der Jahrringbreite und der Raumdichte der Fichte erklärt sich aus der Veränderung des relativen Spätholzanteiles in verschieden breiten Jahrringen, wie dies von SCHULTZE-DEWITZ (1958) gezeigt wurde.

<u>FAZIT:</u> Die <u>Zugscherfestigkeit</u> von Prüflingen verleimt mit Resorzin-Formaldehyd-Harz wird weitestgehend durch die Raumdichte des Holzes bestimmt. Das Holz gesunder und kranker Fichten hat sich als ebenbürtig erwiesen, was nicht nur eine einwandfreie Verleimbarkeit sondern auch die gleichwertige Zugfestigkeit dieser beiden Gruppen belegt. Die <u>Jahrringbreite</u> ist sowohl mit dem Nadelverlust als auch mit der Raumdichte indirekt proportional korreliert.

128

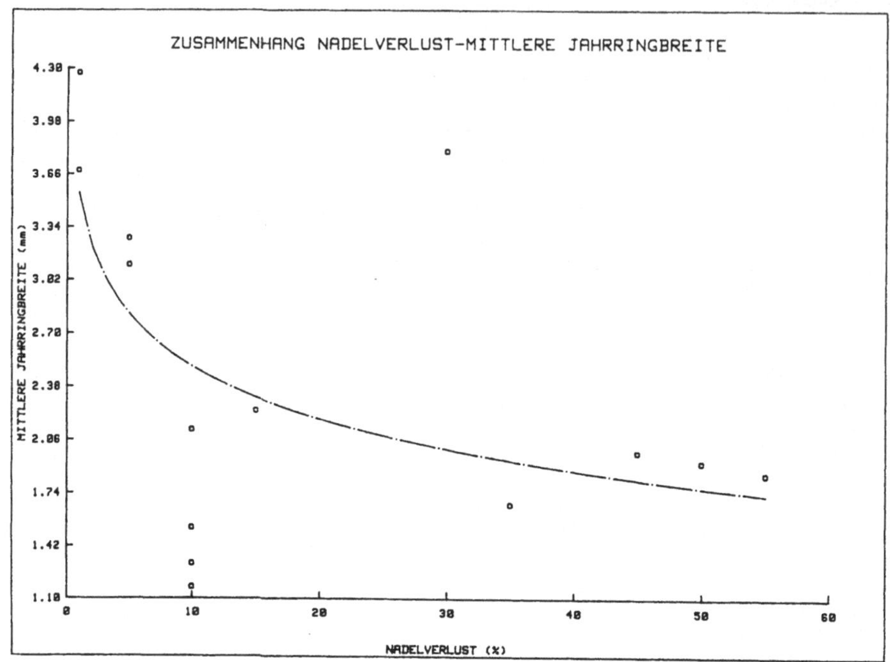

Bild 8.1: Zusammenhang zwischen dem Nadelverlust und der mittleren Jahrringbreite. Punkteschar und Regressionslinie (N = 14).

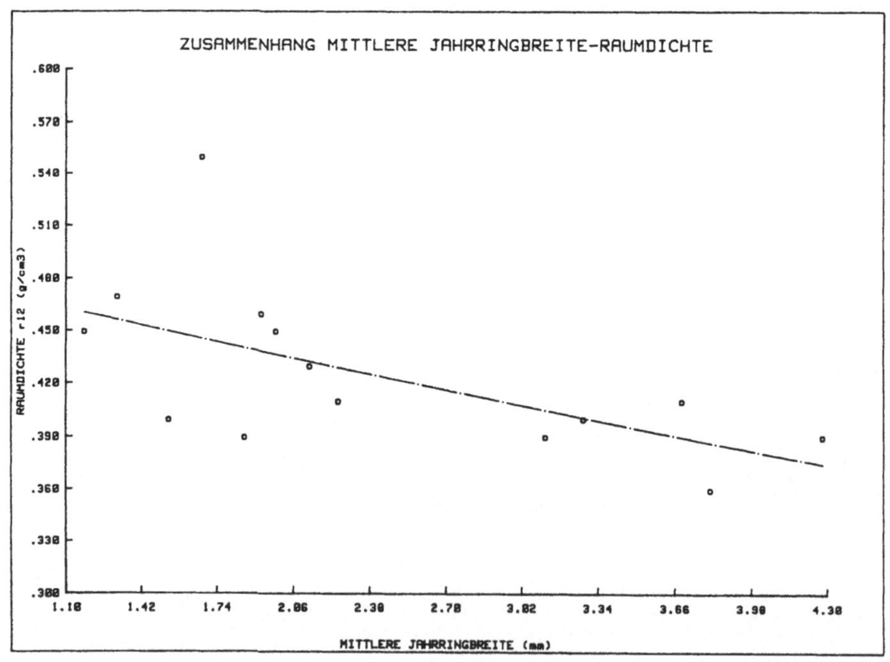

Bild 8.2: Zusammenhang zwischen der mittleren Jahrringbreite und der Raumdichte. Punkteschar und Regressionslinie (N = 14).

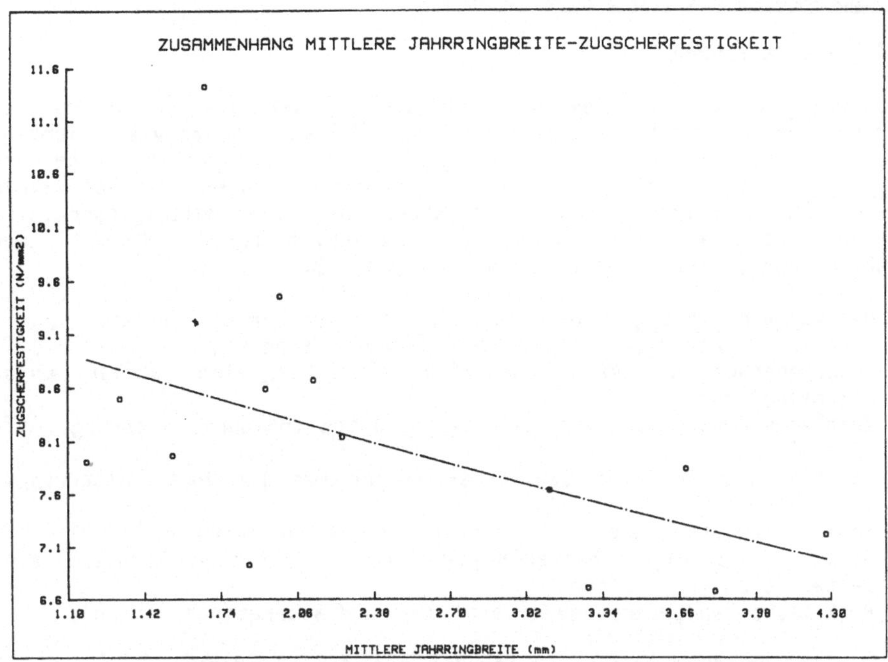

Bild 8.3: Zusammenhang zwischen der mittleren Jahrringbreite und der Zugscherfestigkeit. Punkteschar und Regressionslinie (N = 14).

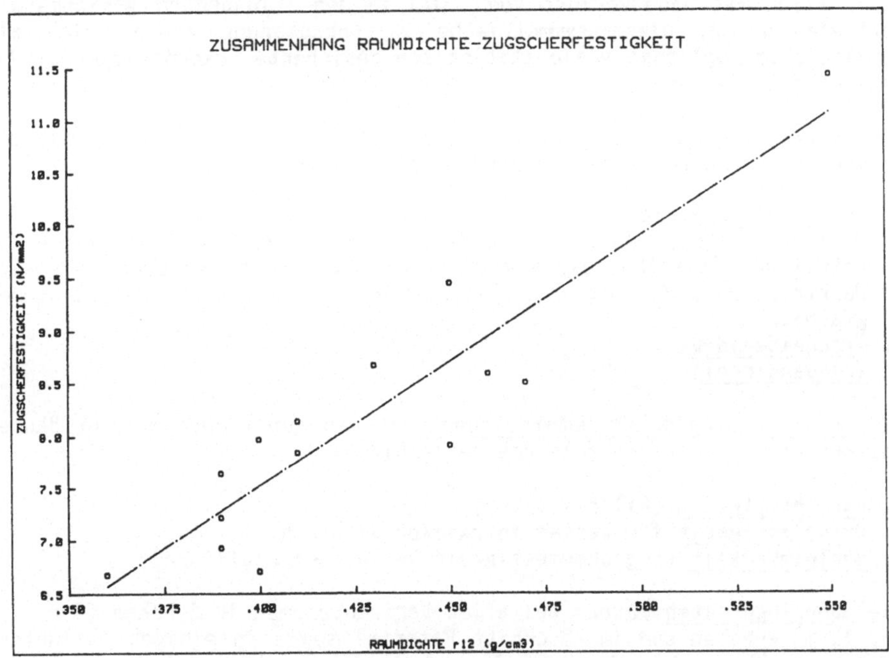

Bild 8.4: Zusammenhang zwischen der Raumdichte und der Zugscherfestigkeit. Punkteschar und Regressionslinie (N = 14).

9. ZUSAMMENFASSUNG UND SCHLUSSFOLGERUNGEN

9.1 Zusammenfassung

Das <u>Hauptziel</u> der vorliegenden Untersuchung war die Ermittlung der verwendungsspezifischen Tauglichkeit des Holzes geschädigter Fichten. Aus den Ergebnissen sollten <u>forstpolitische</u>, <u>holzmarktbezogene</u> und <u>holztechnologische</u> Folgerungen abgeleitet werden können. Als <u>Nebenziele</u> wurden die Erweiterung des Grundwissens über die Holzeigenschaften, Erkenntnisse über die Ursachen der Erkrankungen und das Testen neuer Methoden für Splintholzuntersuchungen angestrebt.

In der <u>Versuchsplanung</u> wurden folgende <u>Kriterien</u> berücksichtigt:
1. Voraussetzungen des Baumwachstums (Erbgut, Standort)
2. Interdependenz der Holzeigenschaften (Struktur, chem. Aufbau, phys. Eigenschaften)
3. Zeitliche Veränderung der Holzeigenschaften (Bildung, Alterung, Auflösung)
4. Position der Probe im Baumkörper (Alter des Kambiums, Witterungsverlauf)
5. Erhaltungszustand der Proben (Konservierung des Zustandes)
6. Beziehung Holzeigenschaften-Holzqualität (praktische Relevanz einzelner Holzeigenschaften)
7. Praktische Randbedingungen (zeitlicher und apparativer Rahmen).

In die Untersuchung wurden 49 Fichten aus den <u>Standorten</u> Neuendorf SO (25) und Ste Croix VD (24) einbezogen. Die Versuchsbäume wurden so ausgewählt, dass die Standorte, das Baumalter (jung bis ca. 100 Jahre resp. alt über 100 Jahre) , die soziologische Stellung (herrschend resp. beherrscht) und der Gesundheitszustand (gesund mit Nadelverlust bis 10% resp. krank mit Nadelverlust über 10%) in den Stichproben gleichmässig vertreten waren. Diese symmetrische Versuchsplanung erwies sich als geeignet, um möglichst viele statistisch gesicherte Erkenntnisse aus den Messungen zu gewinnen.

Die <u>holzkundlichen Untersuchungen</u> wurden an Proben aus allen 49 Fichten durchgeführt und umfassten folgende Teilbereiche:

1. <u>Splintholzmerkmale</u>
   Breite, Fläche, Anteil, qualifizierte Fläche und qualifizierter Anteil des Splintholzes, ermittelt mit folgenden Methoden: visuell, Darrtrocknung, Messung der elektrischen Leitfähigkeit, Kernspintomographie.
2. <u>Tracheidenlänge</u>
3. <u>Zellwandanteil</u>

Die <u>holztechnologischen Untersuchungen</u> wurden auf Proben aus 16 Bäumen beschränkt und betrafen folgende Teilgebiete:

1. <u>Dauerhaftigkeit</u> (Pilzresistenz)
2. <u>Durchlässigkeit</u> für Wasser in axialer Richtung
3. <u>Verleimbarkeit</u> (Zugscherfestigkeit verleimter Prüflinge)

Die <u>Jahrringbreiten</u> wurden bei allen Versuchsbäumen in 3 Höhen (2 m, 7 m und 12 m) erhoben und im Abschnitt Material sowie in einigen Teiluntersuchungen (Tracheidenlänge, Zellwandanteil, Durchlässigkeit, Verleimbarkeit) ausgewertet.

Die <u>Auswertungen</u> der Teiluntersuchungen erfolgten stets an Mittelwerten (Ausnahme: Splintholzmerkmale), denn die Einzelwerte aus der gleichen Position eines Baumes mussten als voneinander abhängige Wiederholungen angesehen werden. Die Stichproben aus verschiedenen Baumhöhen oder unterschiedlichen Positionen am Baumradius wurden ihrer biologischen Verschiedenheit wegen (Unterschiede im Kambium- und Baumalter oder in den Umweltbedingungen bei der Holzbildung) als voneinander unabhängig betrachtet. Durch diesen Auswertungsmodus wurden jedem untersuchten Baum 1 bis 4 Mittelwerte eines Merkmals (je nach Teiluntersuchung) zugeordnet. Als Auswertungsmethoden dienten <u>Vergleiche</u> der Holzeigenschaften in verschieden gebildeten Stichproben und das Prüfen von <u>Zusammenhängen</u> zwischen Baum- und Probencharakteristiken und Holzmerkmalen. Da die Holzeigenschaften der untersuchten Bäume stets einen fliessenden Uebergang zwischen den jeweiligen Extremwerten bildeten, erwiesen sich die Zusammenhänge aussagekräftiger als die Vergleiche. Daher werden die wichtigsten Ergebnisse der vorliegenden Arbeit anhand der geprüften Zusammenhänge dargelegt. Tabelle 9.1 enthält eine Zusammenstellung der wichtigsten geprüften Zusammenhänge, geordnet nach den untersuchten Holzmerkmalen (zweite Variablen) und der Art des Zusammenhanges. Die statistisch gesicherten Zusammenhänge sind in direkt und indirekt proportionale unterteilt und durch das <u>Bestimmtheitsmass</u> (dieses variierte z.B. je nach Standort oder Position im Baumkörper) quantifiziert. Das Bestimmtheitsmass besagt, welcher Anteil (%) der Veränderung der zweiten Variablen sich aus der Veränderung der ersten Variablen ableiten lässt.

Tabelle 9.1: Zusammenstellung der wichtigsten geprüften Zusammenhänge (mit Bestimmtheitsmass) geordnet nach den untersuchten Holzmerkmalen und der Art des Zusammenhanges

	HOLZMERKMAL	
Zusammenhang direkt proportional mit	Zusammenhang indirekt proportional mit	Zusammenhang nicht gesichert mit
	SPLINTHOLZBREITE	
soz. Stellung 39 – 43% Scheibendurchm. 21 – 27%	Nadelverlust 12%	Baumalter Höhe im Baum Alter der Scheibe
	SPLINTHOLZANTEIL	
Höhe im Baum 4 – 10%	Scheibenalter 46 – 52% Baumalter 34% Nadelverlust 22 – 23% Scheibendurchm. 11 – 27%	soz. Stellung
	QUALIFIZIERTER SPLINTHOLZANTEIL	
soz. Stellung 1 – 7%	Scheibenalter 16 – 40% Baumalter 10 – 30% Nadelverlust 9 – 28% Scheibendurchm. 3 – 7%	Höhe im Baum
	TRACHEIDENLAENGE	
Kambiumalter 10 – 41%	Jahrringbreite 1 – 18%	Nadelverlust
	ZELLWANDANTEIL soz. Stellung 16% Jahrringbreite 9% Kambiumalter 7%	
	DAUERHAFTIGKEIT (GEWICHTSVERLUST) Raumdichte 1 – 40%	Nadelverlust Position am Radius
	DURCHLAESSIGKEIT (DURCHFLUSSRATE) Raumdichte 34 – 49%	Nadelverlust Jahrringbreite
Raumdichte 83%	**VERLEIMBARKEIT (ZUGSCHERFESTIGKEIT)** Jahrringbreite 29%	Nadelverlust
	JAHRRINGBREITE Nadelverlust 3 – 39% Kambiumalter 1 – 34%	
Nadelverlust (bis 40%) 20 – 69%	**RAUMDICHTE** Nadelverlust (ab 40%) 20 – 69% Jahrringbreite 39%	Position am Radius

Die in der Tabelle 9.1 dargestellten Zusammenhänge lassen sich wie folgt
kurz zusammenfassen:

1. Die <u>Splintholzmerkmale</u> zeigen vielfältige Zusammenhänge mit den ausgewählten Baum- und Probencharakteristiken. Die soziologische Stellung und der Scheibendurchmesser sind positiv, der Nadelverlust und
   das Alter des Baumes resp. der Scheibe negativ mit den
   Splintholzmerkmalen korreliert.

2. Die <u>Tracheidenlänge</u> der gesunden und kranken Fichten ist identisch,
   bzw. man findet in kranken Bäumen geringfügig längere Tracheiden als
   in den gesunden Vergleichsobjekten. Die Tracheidenlänge wird
   vorwiegend durch das Kambiumalter bestimmt. Die <u>Jahrringbreite</u>
   hingegen unterliegt sowohl endogenen als auch exogenen Einflüssen.
   Bei den beherrschten Bäumen und niedrigerem Alter dominiert das
   Kambiumalter, bei den herrschenden Bäumen und in den äusseren
   Jahrringen ist es der Nadelverlust.

3. Der <u>Zellwandanteil</u> der gesunden und kranken Fichten ist weitgehend
   ähnlich. Bei leicht erkrankten Bäumen ist zunächst mit schmaler
   werdenden Jahrringen eine geringe Zunahme des Zellwandanteiles
   festzustellen. Eine Umkehr dieses Trends kann in den letzten
   Jahrringen absterbender Bäume gelegentlich beobachtet werden. Der
   Zellwandanteil wird vorwiegend durch die Standortgüte (im weitesten
   Sinne) beeinflusst, steht aber auch mit dem Kambiumalter in gewissem
   Zusammenhang. Die <u>Jahrringbreite</u> hat sich auch in dieser
   Teiluntersuchung als mit dem Gesundheitszustand und dem Splintholz-
   anteil relativ eng korrelierte Grösse erwiesen.

4. Die <u>natürliche Dauerhaftigkeit</u> des Holzes gesunder und kranker
   Fichten ist ebenbürtig. Sie wird durch Standortsbedingungen, die
   Raumdichte und in geringerem Masse durch die Splintholz/Kernholz-Um-
   wandlung beeinflusst. Die <u>Raumdichte</u> steht in einer Beziehung zum
   Gesundheitszustand und beschränkt auch zur radialen Position der
   Probe im Baumkörper. Ein signifikanter Einfluss des Standortes wurde
   nicht gefunden.

5. Die <u>Durchlässigkeit</u> des Fichtenholzes steht in einem indirekt
   proportionalen Zusammenhang mit seiner Raumdichte. Weder Standort
   noch Gesundheitszustand des Baumes haben angesichts der ausgeprägten
   Variabilität des untersuchten Merkmals einen statistisch erwiesenen
   Einfluss. Die <u>Jahrringbreite</u> erwies sich einmal mehr als eine mit dem
   Gesundheitszustand des Baumes korrelierte Grösse.

6. Die <u>Zugscherfestigkeit</u> von Prüflingen verleimt mit Resorzin-Formaldehyd-Harz wird weitestgehend durch die Raumdichte des Holzes
   bestimmt. Das Holz gesunder und kranker Fichten hat sich als
   ebenbürtig erwiesen, was nicht nur eine einwandfreie Verleimbarkeit
   sondern auch die gleichwertige Zugfestigkeit dieser beiden Gruppen
   belegt. Die <u>Jahrringbreite</u> ist sowohl mit dem Nadelverlust als auch
   mit der Raumdichte indirekt proportional korreliert.

Betrachtet man die Zusammenhänge aus der Sicht des Gesundheitszustandes
(erste Variable) der untersuchten Bäume, dann ergeben sich die in der
Tabelle 9.2 dargestellten Beziehungen:

134

Tabelle 9.2: Zusammenhang zwischen dem Nadelverlust und den untersuchten Holzmerkmalen (Art und Bestimmtheitsmass)

MERKMAL		
Zusammenhang direkt proportional mit	Zusammenhang indirekt proportional mit	Zusammenhang nicht gesichert mit
NADELVERLUST		
Raumdichte (bis 40% NdV) 20 - 69%	Raumdichte (ab 40% NdV) 20 - 69% Jahrringbreite 3 - 39% Splintholzmerkmale 9 - 28%	Tracheidenlänge Zellwandanteil Dauerhaftigkeit (Gewichtsverlust) Durchlässigkeit (Durchflussrate) Verleimbarkeit (Zugscherfestigk.)

Signifikanz und Bestimmtheitsmass dieser Beziehungen sind noch durch die Gesamtvariabilität der Merkmale zu ergänzen, damit die praktische Bedeutung des Zusammenhanges geklärt wird. Dazu ist zu vermerken, dass die Raumdichte eine eher geringe Variabilität aufwies im Gegensatz zur Jahrringbreite und den Splintholzmerkmalen, welche ausgeprägte Unterschiede in verschiedenen Stichproben zeigten. Nimmt man als Mass der Variabilität das Verhältnis des grössten zum kleinsten Wert, so ergeben sich folgende Verhältnisse: Raumdichte ca. 1,5; Splintholzmerkmale ca. 10; Jahrringbreite ca. 50. Ausserdem ist das Verhältnis Nadelverlust - Raumdichte ambivalent, denn zunächst nimmt die Raumdichte mit steigendem Nadelverlust zu, dann (in unserer Untersuchung ab ca. 40% Nadelverlust) wieder ab, sodass gesamthaft kaum ein nennenswerter Unterschied zum Holz gesunder Fichten resultiert. Die Ergebnisse aus der Tabelle sind wie folgt zusammenzufassen:

1. Der <u>Gesundheitszustand</u> des Baumes, charakterisiert durch den Nadelverlust, steht in einem indirekt proportionalen Verhältnis zur Jahrringbreite und zu allen Splintholzmerkmalen. Die Raumdichte ist anfänglich direkt, bei sehr kranken Bäumen indirekt mit dem Nadelverlust korreliert.

2. Die übrigen untersuchten <u>Holzeigenschaften</u> wie Tracheidenlänge, Zellwandanteil, Dauerhaftigkeit (Gewichtsverlust), Durchlässigkeit (Durchflussrate) und Verleimbarkeit (Zugscherfestigkeit) sind im Holz gesunder und kranker Fichten gleichwertig.

9.2 Schlussfolgerungen

Aus den Kreisen der forst- und holzwirtschaftlichen Praxis werden im Hinblick auf das Holz erkrankter Fichten konkrete Fragen gestellt, welche aufgrund unserer Ergebnisse folgendermassen beantwortet werden können:

1. Ist die Holzqualität gesunder und kranker Fichten verschieden?
   - Von den 8 untersuchten Eigenschaften sind 3 (Jahrringbreite, Splintholzmerkmale und in geringem Ausmass die Raumdichte) verändert, die übrigen 5 (Tracheidenlänge, Zellwandanteil, Dauerhaftigkeit, Durchlässigkeit, Verleimbarkeit) unverändert. Die Holzqualität ist als praktisch unverändert zu bezeichnen. Der Ausdruck Schadholz ist daher nicht berechtigt.

2. Welche Verwendungszwecke sind von der unterschiedlichen Qualität betroffen?
   - Bei absterbenden bis toten Fichten kann die Imprägnierbarkeit herabgesetzt und die Tauglichkeit zur Holzschliff-Gewinnung in Frage gestellt werden.

3. Wie gross ist der allfällige Wertverlust?
   - Von einem qualitativen Wertverlust kann, angesichts der nahezu unbeschränkten Verwendungsmöglichkeiten, nicht gesprochen werden. Bestätigt hat sich indessen der quantitative Verlust als Folge schmaler Jahrringe.

4. Ist mit Veränderungen in den anfallenden Rohholz-Sortimenten zu rechnen?
   - Veränderungen in den anfallenden Rohholz-Sortimenten sind bei sachgemässer Pflege nicht zu erwarten. Es ist aber die zeitlich vorverlegte Gefahr eines Pilzbefalles als Folge von vermindertem Splintholzanteil und niedrigerem Wassergehalt im Splintholz zu beachten.

5. Welche Massnahmen können zur Behebung oder Begrenzung von Wertverlusten ergriffen werden
   - in der Forstwirtschaft?
     - rechtzeitige Zwangsnutzungen
     - möglichst kurze Lagerung
     - Lagerung, welche ein rasches Austrocknen fördert
     - (evtl. Schutzmitteleinsatz)

   - in den holzverarbeitenden Betrieben?
     - möglichst kurze Lagerung
     - rasche Verarbeitung

Für die Ernte, Lagerung und Verwendung des Holzes sind folgende werterhaltende Massnahmen zu empfehlen:

1. Nutzungen
   Die Nutzungen im Wald sollten rechtzeitig erfolgen, d.h. bereits bei einem mittleren Nadelverlust. Damit wird einer zu starken Abnahme der Splintholzbreite und besonders des Wassergehaltes im Splintholz und damit einem Befall des stehenden Baumes durch Verblauungs- oder holzzerstörende Pilze zuvorgekommen.

136

2. <u>Lagerung von Rundholz</u>
Bei relativ kurzer Lagerungsdauer (höchstens 3 bis 4 Monate) in der
kalten Jahreszeit ist es ratsam, dass das weitere Austrocknen des
Holzes möglichst langsam verläuft (Lagerung in Rinde an schattigem
Ort, dichte Anordnung der Stämme im Polter). In allen übrigen Fällen
(und besonders bei Stämmen aus sehr kranken bis toten Fichten) ist
das rasche Austrocknen des Holzes zu fördern (Entrindung der Stämme,
luftige Lagerung am sonnigen Ort), wobei dadurch eine verstärkte
Rissbildung in Kauf genommen wird. In Notfällen (grosse Zwangs-
nutzungen, Naturkatastrophen) muss die Behandlung der Stirnflächen
mit Schutzmitteln in Betracht gezogen werden.

3. <u>Verarbeitung</u>
Die <u>Zwischenlagerung</u> des Holzes sollte in holzverarbeitenden
Betrieben so kurz wie möglich gehalten werden. Bei der <u>natürlichen
Trocknung</u> des Holzes kranker Fichten ist vermutlich mit kürzeren
Trocknungszeiten zu rechnen. Die <u>Imprägnierung</u> saftfrischen Holzes
wird mindestens in gleichem Masse reduziert, wie die Breite des
Splintholzes in geschädigten Bäumen abgenommen hat. Bei der
<u>Holzschliff-Gewinnung</u> aus dem Holz stark erkrankter bis absterbender
Bäume ist Vorsicht geboten. Ungenügend klar ist im Augenblick, ob
allenfalls die <u>Oberflächenbehandlung</u> des Holzes geschädigter Bäume
Massnahmen erfordert.

4. <u>Verwendung</u>
Mit der Ausnahme aufgeführter Hinweise ist das Holz geschädigter und
gesunder Fichten als ebenbürtig anzusehen. Dies betrifft praktisch
alle relevanten Verwendungsgebiete.

Die obigen Empfehlungen basieren auf unseren Ergebnissen wie auch auf
der Fachliteratur. Sie können für die Holzart Fichte als allgemeingültig
angesehen werden. Eine sinngemässe und vorsichtige Anwendung auf die
übrigen Nadelholzarten ist denkbar. Hingegen müssen die entsprechenden
Unterlagen für die Laubholzarten erst erarbeitet werden.

9. RESUME ET CONCLUSIONS

9.1 Résumé

Le <u>but principal</u> de la présente étude est de déterminer l'aptitude du bois des épicéas atteints pour des utilisations spécifiques. Les résultats obtenus doivent permettre de tirer des conclusions touchant à la <u>politique forestière</u>, au <u>marché</u> et à la <u>technologie du bois</u>. Les <u>buts annexes</u> sont d'élargir les connaissances de base au sujet des propriétés du bois, de repérer les causes du dépérissement et d'éprouver de nouvelles méthodes pour l'analyse de la largeur de l'aubier.

Dans la <u>planification d'essai</u>, les <u>critères</u> suivants ont été pris en considération:
1. Conditions de croissance de l'arbre (caractères héréditaires, station)
2. Interdépendance des propriétés du bois (structure, constitution chimique, propriétés physiques)
3. Variations temporelles des propriétés du bois (formation, viellissement, décomposition)
4. Position de l'échantillon dans l'arbre (témoin de l'âge du cambium et du cours des facteurs météorologiques)
5. Etat de conservation des échantillons (maintien de leur caractère)
6. Relation propriétés-qualité du bois (importance pratique des différentes propriétés du bois)
7. Conditions pratiques périphériques (cadre imposé par le temps accordé et l'appareillage).

Notre étude comprend 49 épicéas des <u>stations</u> de Neuendorf SO (25) et Ste Croix VD (24). Les arbres à examiner ont été choisis de telle manière que l'âge de l'arbre (jeunes jusqu'à environ 100 ans et vieux au-delà), la position sociale (dominants et dominés) et l'état sanitaire (sains avec une perte d'aiguilles allant jusqu'à 10% et atteints avec une perte d'aiguilles supérieure) soient représentés à parts égales dans les échantillonnages. Cette planification d'essai symétrique s'est avérée propre à l'obtention du plus grand nombre possible de résultats significatifs à partir des mesures effectuées.

Les <u>examens biologiques</u> du bois ont été réalisés sur les 49 épicéas et son compartimentés comme suit:

1. <u>Caractéristiques de l'aubier</u>
   Largeur, surface, portion, surface et portion qualifiées de l'aubier, obtenues à l'aide des méthodes suivantes: taxation visuelle, séchage, mesure de la conduction électrique, tomographie à résonance magnétique nucléaire.
2. <u>Longueur des trachéides</u>
3. <u>Portion de paroi cellulaire</u>

Les <u>examens technologiques</u> du bois sont réduits aux échantillons de 16 arbres et se présentent de la manière suivante:

1. <u>Durabilité</u> (résistance face aux champignons)
2. <u>Perméabilité</u> à l'eau en direction radiale
3. <u>Comportement au collage</u> (résistance au cisaillement sous tension des échantillons collés)

Les largeurs de cernes ont été relevées chez tous les arbres en 3 hauteurs (2 m, 7 m et 12 m) et mises en valeur dans le chapitre "matériel" et certaines études partielles (longueur des trachéides, portion de paroi cellulaire, perméabilité, comportement au collage).
Les mises en valeur des études partielles ont été effectuées à partir des valeurs moyennes (exception: caractéristiques de l'aubier); en effet les valeurs isolées provenant de la même position dans l'arbre ont dû être considérées comme répétitives et dépendantes les unes des autres. Les échantillons pris à différentes hauteurs et positions dans l'axe de l'arbre sont tenus comme indépendants les uns des autres en raison de leur diversité biologique (différence dans l'âge du cambium et de l'arbre ou dans les conditions d'environnement pendant la formation du bois). De par ce mode de mise en valeur, on a attribué à chaque arbre (selon l'examen effectué) entre une et quatre valeurs moyennes. Ont servi de méthodes de mise en valeur, les comparaisons des propriétés du bois dans des échantillonnages de formation diverse et l'examen des relations entre les caractéristiques de l'arbre et de l'échantillon et celles du bois. Etant donné que les propriétés du bois des arbres examinés présentent toujours un passage graduel entre les valeurs extrêmes respectives, les relations se sont révélées plus explicites que les comparaisons. C'est pour cette raison que les résultats les plus importants du présent travail sont basés sur les relations étudiées. Toutes les relations prises en considération sont groupées dans le tableau 9.1, classées d'après les caractéristiques du bois examinées (seconde variable) et le genre de la relation. Les relations significatives sont divisées en directement et inversement proportionnelles et quantifiées par le coéfficient de détermination (celui-ci varie selon la station et la position dans l'arbre, par exemple). Le coéfficient de détermination indique quel pourcentage de variation de la seconde variable dérive de celui de la première.

Tableau 9.1: Groupement des relations étudiées les plus importantes, classées d'après les caractéristiques du bois examinées et le genre de la relation

CARACTERISTIQUE DU BOIS		
Relation directement proportionnelle avec	Relation inversement proportionnelle avec	Relation non significative avec
LARGEUR DE L'AUBIER		
pos. sociale 39 – 43% diamètre de la rondelle 21 – 27%	perte d'aiguilles 12%	âge de l'arbre hauteur dans l'arbre âge de la rondelle
PORTION D'AUBIER		
hauteur dans l'arbre 4 – 10%	âge de la rondelle 46 – 52% âge de l'arbre 34% perte d'aiguilles 22 – 23% diamètre de la rondelle 11 – 27%	position sociale
PORTION D'AUBIER QUALIFIEE		
pos. sociale 1 – 7%	âge de la rondelle 16 – 40% âge de l'arbre 10 – 30% perte d'aiguilles 9 – 28% diamètre de la rondelle 3 – 7%	hauteur dans l'arbre
LONGUEUR DES TRACHEIDES		
âge du cambium 10 41%	largeur des cernes 1 – 18%	perte d'aiguilles
PORTION DE PAROI CELLULAIRE		
	position sociale 16% largeur des cernes 9% âge du cambium 7%	
DURABILITE (perte de poids)		
	densité 1 – 40%	perte d'aiguilles position dans le rayon
PERMEABILITE (indice de flux)		
	densité 34 – 49%	perte d'aiguilles largeur des cernes
COMPORTEMENT AU COLLAGE (résistance au cisaillement sous tension)		
densité 83%	largeur des cernes 29%	perte d'aiguilles
LARGEUR DES CERNES		
	perte d'aiguilles 3 – 39% âge du cambium 1 – 34%	
DENSITE		
perte d'aiguilles (jusqu'à 40%) 20 – 69%	perte d'aiguilles (à partir de 40%) 20 – 69% largeur des cernes 39%	position dans le rayon

Les relations représentées dans le tableau 9.1 peuvent être résumées de la façon suivante:

1. Les <u>caractéristiques de l'aubier</u> présentent de nombreuses relations avec les caractéristiques des arbres et des échantillons sélectionnées. La relation avec la position sociale et le diamètre de la rondelle présente une corrélation positive avec les caractéristiques de l'aubier; avec la perte d'aiguilles et l'âge de l'arbre et de la rondelle une corrélation négative.

2. La <u>longueur des trachéides</u> des épicéas sains et atteints est identique; on trouve en fait chez les arbres atteints des trachéides à peine plus longues que celles des sujets de comparaison sains. L'âge du cambium influence de manière prépondérante la longueur des trachéides. La <u>largeur des cernes</u> par contre est soumise à des influences aussi bien endogènes qu'exogènes. La largeur des cernes jeunes ou des arbres dominés est influencée par l'âge du cambium, celle des cernes extérieurs ou des arbres dominants par la perte d'aiguilles.

3. La <u>portion de paroi cellulaire</u> des épicéas sains et atteints est, dans une large mesure, semblable. Chez les arbres légèrement atteints, on constate tout d'abord une légère augmentation de la portion de paroi cellulaire avec des cernes devenant plus étroits. Un renversement de cette tendance peut être occasionnellement observé dans les derniers cernes des arbres dépérissants. La portion de paroi cellulaire est principalement influencée par la bonne qualité (dans le sens le plus large du terme) de la station, elle a aussi un certain rapport avec l'âge du cambium. Il est démontré dans cette analyse que la <u>largeur des cernes</u> est une donnée en corrélation relativement étroite avec l'état sanitaire de l'arbre et la portion d'aubier.

4. La <u>durabilité naturelle</u> du bois des épicéas sains et atteints est d'égale valeur. Elle est influencée par les conditions de la station, la densité et en moindre mesure par le passage aubier/duramen. La <u>densité</u> est également en relation avec l'état sanitaire et de manière limitée avec la position radiale de l'échantillon dans l'arbre. Une influence significative de la station n'a pas été constatée.

5. La <u>perméabilité</u> du bois d'épicéa est inversement proportionnelle à sa densité. Ni la station ni l'état sanitaire n'ont, eu égard à la variabilité prononcée de la caractéristique étudiée, une influence significative. La <u>largeur des cernes</u> s'avère être une fois de plus un facteur présentant une corrélation avec l'état sanitaire de l'arbre.

6. La <u>résistance au cisaillement sous tension</u> des sujets étudiés, collés au moyen d'un adhésif résorcine au formol est largement influencée par la densité du bois. Le bois des épicéas sains et atteints est de même qualité, ce qui prouve que non seulement les deux groupes possèdent une aptitude au collage irréprochable mais aussi la même résistance au cisaillement sous tension. La <u>largeur des cernes</u> est inversement proportionnelle à la perte d'aiguilles et à la densité.

Si l'on considère les connexions du point de vue de l'état sanitaire (première variable) des arbres examinés, il en résulte les relations représentées dans le tableau 9.2.

Tableau 9.2: Relation entre la perte d'aiguilles et les caractéristiques du bois examinées

Relation directement proportionnelle avec	CARACTERISTIQUE Relation inversement proportionnelle avec	Relation non significative avec
densité (jusqu'à 40% de perte d'aiguilles) 20 – 69%	PERTE D'AIGUILLES densité (à partir de 40% de perte d'aiguilles) 20 – 69% largeur des cernes 3 – 39% caractéristiques de l'aubier 9 – 28%	longueur des trachéides portion de paroi cellulaire durabilité (perte de poids) perméabilité (indice de flux) comportement au collage (résistance au cisaillement sous tension)

La signification et le coéfficient de détermination de ces relations sont à compléter par la variabilité totale des caractéristiques, afin de pouvoir expliquer l'importance pratique de la relation. Il est à remarquer que la densité présente une variabilité plutôt moindre, à l'encontre de la largeur des cernes et des caractéristiques de l'aubier, qui ont montré de fortes différences selon les échantillonnages. Si l'on prend comme mesure de la variabilité le rapport de la plus grande à la plus petite valeur, on obtient les rapports suivants: densité env. 1,5; caractéristiques de l'aubier env. 10; largeur des cernes env. 50. De plus la relation perte d'aiguilles-densité est ambivalente, en effet la densité augmente avec une perte d'aiguilles croissante, mais ensuite (dans notre étude à partir de 40% de perte d'aiguilles) elle diminue; de sorte que globalement il ne résulte pas de différence notoire d'avec les arbres sains. Les résultats du tableau peuvent se résumer de la manière suivante:

1. L'état sanitaire de l'arbre caractérisé par la perte d'aiguilles est en rapport inversement proportionnel avec la largeur des cernes et toutes les caractéristiques de l'aubier. La densité est au début directemment, puis chez les arbres très atteints, inversement proportionnelle à la perte d'aiguilles.

2. Les autres propriétés du bois examinées telles que longueur des trachéides, portion de paroi cellulaire, durabilité (perte de poids), perméabilité (indice de flux) et comportement au collage (résistance au cisaillement sous tension) sont de valeur égale dans le bois des épicéas sains et atteints.

142

9.2 Conclusions

Dans les milieux de l'économie forestière et du bois, on se pose des questions concrètes quant au bois des épicéas atteints, questions auxquelles on peut répondre de la façon suivante en se basant sur nos résultats:

1. La qualité des épicéas atteints est-elle différente de celle des épicéas sains?
   - Des 8 propriétés examinées, 3 (largeur des cernes, caractéristiques de l'aubier et dans une moindre mesure densité) subissent des modifications; les 5 autres (longeur des trachéides, portion de paroi cellulaire, durabilité, perméabilité et comportement au collage) restent inchangées. La qualité du bois peut être qualifiée de <u>pratiquement inchangée</u>. L'expression de <u>bois endommagé</u> n'est donc pas justifiée.

2. Quels sont les secteurs d'utilisation touchés par les modifications de qualité?
   - Chez les arbres dépérissants à secs, il est <u>possible</u> que l'imprégnabilité soit amoindrie et l'obtention de pâte mécanique mise en question.

3. Quelle est la perte de valeur éventuelle?
   - Considérant le nombre de possibilités d'utilisation pratiquement illimité, on ne peut parler de perte de valeur qualitative. Il est pourtant confirmé qu'il existe une perte de valeur quantitative par suite des cernes étroits.

4. Faut-il compter avec des modifications dans l'assortiment du bois brut?
   - Si l'on traite le bois brut de manière adéquate, il n'y a pas à craindre de modifications. Il faut tout de même prendre en considération le danger d'une attaque de champignons prématurée par suite de la diminuation de la portion d'aubier et de sa faible teneur en eau.

5. Quelles sont les mesures à prendre pour supprimer ou limiter la perte de valeur
   - dans la foresterie?
     - effectuer les coupes forcées en temps utiles
     - temps d'empilage aussi court que possible
     - empilage qui favorise un séchage rapide
     - (utilisation éventuelle de protecteurs)
   - dans les entreprises façonnant le bois?
     - stockage aussi bref que possible
     - travailler le bois dans les plus brefs délais

Pour la récolte, l'emmagasinage et l'utilisation du bois, les mesures stabilisatrices suivantes sont de mise:

1. <u>Exploitations</u>
   Les exploitations en forêt doivent advenir en temps utiles, c'est à dire dès une perte d'aiguilles moyenne. On préviendra en cela une diminution trop importante de la largeur de l'aubier et surtout de sa teneur en eau et en conséquence une attaque de l'arbre par des champignons destructeurs.

2. <u>Emmagasinage du bois rond</u>
Pour une durée d'emmagasinage relativement brève (3 à 4 mois au plus) en saison froide, il est à conseiller que le séchage ultérieur du bois se passe aussi lentement que possible (stockage des grumes à l'ombre, empilage serré des troncs). Dans tous les autres cas (et particulièrement pour les troncs des arbres très atteints à secs) il faut favoriser un séchage rapide du bois (écorçage des troncs, stockage à l'air libre dans un endroit ensolleillé); il faut pourtant s'attendre à ce que le bois éclate plus facilement. Dans les cas extrèmes (chablis abondants, catastrophes naturelles), il faut envisager de traiter la face de bout avec des protecteurs.

3. <u>Façonnage</u>
Le temps de <u>stockage intermédiaire</u> dans les entreprises de façonnage doit être réduit au maximum. Il est probable que le <u>séchage naturel</u> du bois des épicéas atteints soit de courte durée. L'imprégnation du bois en sève sera réduite au moins dans la même mesure que la largeur de l'aubier des arbres atteints aura diminué. En ce qui concerne la production de la pâte mécanique à partir du bois des arbres très atteints à secs, la prudence est de rigueur. On ne sait pas encore clairement si un <u>traitement de surface</u> éventuel du bois des arbres atteints est nécessaire.

4. <u>Utilisation</u>
Exception faite de ce que nous avons indiqué plus haut, le bois des épicéas sains et atteints est à considérer comme étant d'égale qualité. Ceci touche pratiquement tous les domaines d'application importants.

Les recommandations sus-citées sont basées sur nos résultats ainsi que sur la litérature spécialisée. Elles peuvent être prises comme valables pour l'épicéa en général. Une application prudente et appropriée est pensable pour les autres résineux. Par contre des documents correspondants se rapportant aux feuillus restent à élaborer.

144

9. SUMMARY AND CONCLUSIONS

9.1 Summary

The <u>main aim</u> of this study is to determine the suitability of wood from damaged spruces for various uses so that conclusions can be drawn regarding <u>forest policy</u>, the <u>timber market</u>, and <u>wood technology</u>. <u>Secondary aims</u> are to extend basic knowledge on wood properties and causes of injury, and to test new methods for investigating sapwood.

In <u>planning</u> the study the following criteria were considered:
1. Basic conditions of growth (genetic background, site)
2. Interdependence of wood properties (structure, chemical composition, physical properties)
3. Changes in wood properties over time (formation, aging, dissolution)
4. Position of the sample in the tree (age of the cambium, weather pattern)
5. Condition of samples (preservation of condition)
6. Relationships between wood properties and wood quality (practical relevance of particular properties)
7. Practical considerations (time and apparatus).

49 spruces from <u>sites</u> at Neuendorf SO (25) and Ste Croix VD (24) were analyzed. The sample trees were selected in such way that sites, age (young to ca. 100 years old, old over 100 years), social status (dominant, dominated), and the state of health (healthy with needle loss up to 10%, damaged with needle loss above 10%) were equally represented. This symmetrical distribution proved suitable for obtaining as much statistically confirmed information from the measurements as possible.

The <u>anatomical studies</u> were conducted on samples from all 49 trees and covered the following characteristics:

1. <u>Characteristics of sapwood</u>
   Width, area, percentage, qualified area and qualified percentage of sapwood, using the following methods: visual inspection, oven-drying, measurement of electrical conductance, NMR tomography.
2. <u>Tracheid length</u>
3. <u>Percentage of cell walls</u>

The <u>technological studies</u> were performed on samples from 16 trees and concerned the following characteristics:

1. <u>Durability</u> (resistance to fungi)
2. <u>Permeability</u> to water in the axial direction
3. <u>Gluability</u> (tensile shearing strength of glued specimens).

<u>Annual ring widths</u> were measured at three levels (2 m, 7 m, and 12 m) in all trees and evaluated under "Material" and in connection with certain aspects (tracheid length, cell wall percentage, permeability, gluability).

The <u>evaluations</u> were based on mean values in each case (exception: sapwood characteristics), as single values from the same position within the tree were regarded as interdependent repetitions. On the other hand, samples from different levels in the trunk or different positions along the radius were considered independent of each other because of the biological differences between them (differences in age of cambium and tree or in environment during wood formation). This meant that 1 to 4 mean values for the various characteristics (depending on subject) were obtained from each tree. Two methods were employed for evaluation: <u>comparison</u> of wood characteristics in differently formed samples, and <u>examination</u> of relationships between the characteristics of the samples and trees and wood characteristics. As the wood characteristics of the trees studied always constituted a sliding transition between the extreme values, the examination of relationships proved more informative than the comparisons. For that reason the most important findings are presented in terms of relationships. Table 9.1 summarizes these findings, arranged according to the particular wood characteristics (second variable) and the type of relationship. The statistically confirmed relationships are classified as directly or indirectly proportional and quantified in terms of the <u>degree of certainty</u> (this varied, e.g., with site or position within the tree). This parameter shows the percentage of changes in the second variable which can be attributed to changes in the first.

146

Table 9.1: Major relationships studied (with degree of certainty) in terms of wood characteristics and correlation

WOOD CHARACTERISTIC		
correlation directly proportional to	correlation indirectly proportional to	correlation unconfirmed
SAPWOOD WIDTH		
social status 39 – 43%	needle loss 12%	tree age
disc diameter 21 – 27%		height in tree
		disc age
PERCENTAGE SAPWOOD		
height in tree 4 – 10%	disc age 46 – 52%	social status
	tree age 34%	
	needle loss 22 – 23%	
	disc diameter 11 – 27%	
QUALIFIED PERCENTAGE SAPWOOD		
social status 1 – 7%	disc age 16 – 40%	height in tree
	tree age 10 – 30%	
	needle loss 9 – 28%	
	disc diameter 3 – 7%	
TRACHEID LENGTH		
age of cambium 10 – 41%	ring width 1 – 18%	needle loss
CELL WALL PERCENTAGE		
	social status 16%	
	ring width 9%	
	age of cambium 7%	
DURABILITY (WEIGHT LOSS)		
	density 1 – 40%	needle loss
		position along radius
PERMEABILITY (FLOW RATE)		
	density 34 – 49%	needle loss
		ring width
GLUABILITY (TENSILE SHEARING STRENGTH)		
density 83%	ring width 29%	needle loss
RING WIDTH		
	needle loss 3 – 39%	
	age of cambium 1 – 34%	
DENSITY		
needle loss (to 40%) 20 – 69%	needle loss (from 40%) 20 – 69%	position along radius
	ring width 39%	

The relationships shown in Table 9.1 are briefly described below:

1. <u>Sapwood characteristics</u> display manifold relationships to the tree and sample characteristics studied. They are positively correlated with social status and disc diameter, negatively correlated with needle loss and age of the tree or disc.

2. <u>Tracheid length</u> is practically identical in healthy and damaged trees, though the tracheids in damaged trees are sometimes slightly longer. Tracheid length depends primarily on the age of the cambium. Annual ring width, on the other hand, is governed by a number of endogenous and exogenous factors. In dominated and young trees the main influence is the age of the cambium, in dominant trees and outer rings it is needle loss.

3. <u>Cell wall percentage</u> is to a large extent similar in healthy and damaged spruces. In slightly damaged trees in which the rings become narrow, there is a slight increase in cell wall percentage, whereas the youngest rings of moribund trees occasionally display an opposite trend. Cell wall percentage is mainly governed by site quality (in the broadest sense), but also exhibits a certain relationship to the age of the cambium. <u>Ring width</u> was found to be relatively closely correlated with the state of health of the tree and the proportion of sapwood.

4. The <u>natural durability</u> of wood from healthy and damaged spruces is the same. It is influenced by site conditions, density, and to a small extent by the transformation from sapwood to heartwood. <u>Density</u> is related to the state of health, and to a limited extent also to the radial position of the sample. No significant difference between trees from the two sites was found.

5. <u>Permeability</u> is indirectly related to density. It varies tremendously, and no statistically confirmed influence of either site or state of health of the tree were found. Here again, <u>annual ring width</u> correlated with the state of health of the tree.

6. <u>Tensile shearing strength</u> in specimens glued with resorcinol formaldehyde resin was largely governed by wood density. No difference was found between wood from healthy and damaged trees; this confirms not only excellent gluability but also equal tensile strength for both groups. <u>Annual ring width</u> was found to be indirectly proportional to both needle loss and density.

When these relationships are considered in terms of the state of health
of the tree (first variable), certain connections can be discerned.
These are shown in Table 9.2:

**Table 9.2: Relationship between needle loss and wood characteristics
(type and degree of certainty)**

| CHARACTERISTIC | | |
correlation directly proportional	correlation indirectly proportional	correlation unconfirmed
	NEEDLE LOSS	
density (to 40% needle loss) 20 – 69%	density (from 40% needle loss) 20 – 69% ring width 3 – 39% sapwood characteristics 9 – 28%	tracheid length cell wall % durability (weight loss) permeability (rate of flow) gluability (tensile shearing strength)

In order to determine the practical relevance of the characteristics,
the significance and degree of certainty of these relationships must be
analyzed in terms of the overall variability. Here it should be noted
that density showed much less variability than ring width and sapwood
characteristics, these displayed marked differences from sample to
sample. Taking the proportions of the greatest to the smallest values as
a measure of variability, the following ratios are found: density c.
1,5; sapwood characteristics c. 10; ring width c. 50. Further, the
relationship between needle loss and density is ambivalent, for density
first increases with increasing needle loss but then decreases (in this
study from about 40% needle loss), so that in overall terms there was no
difference worth mentioning between the damaged and healthy spruces. The
results shown in the Table can be summarized as follows:

1. The <u>state of health</u> of a tree, judged in terms of needle loss, is
   indirectly proportional to ring width and all sapwood characteristics
   investigated. Density is at first directly proportional, in severely
   damaged trees indirectly proportional to needle loss.

2. The other <u>wood characteristics</u> investigated, i.e., tracheid length,
   cell wall proportion, durability (weight loss), permeability (flow
   rate) and gluability (tensile shearing strength) are equal in wood
   from damaged and healthy trees.

9.2 Conclusions

Those working in practice in forestry and the timber trade have raised certain concrete questions about the wood of damaged spruces. The answers found in this study are listed below.

1. Is there any difference in the quality of wood from healthy and damaged spruces?
   - Of the 8 characteristics investigated, 3 (ring width, sapwood characteristics, and to a small extent density) differ, while the other 5 (tracheid length, cell wall proportion, durability, permeability, gluability) do not vary. Timber quality may be regarded as <u>practically the same</u>. Consequently, the expression <u>damaged</u> is not justifiable.

2. How does the difference in quality affect practical use?
   - In moribund or dead spruces the impregnability <u>may</u> be reduced and the suitability of the wood for mechanical pulping doubtful.

3. Is there any loss in value, and if so, how much?
   - Given the virtually unlimited uses, one can hardly speak of a qualitative loss in value. On the other hand, a certain quantitative loss arises from the narrowing of the growth rings.

4. Must we reckon with changes in the raw wood assortments?
   - Not with correct tending. However, a lookout should be kept for early fungal attack resulting from the lower proportion of sapwood and low water content.

5. What measures can be taken to prevent or limit loss of value?
   - in forestry?
     - correct timing of compulsory felling
     - shortest possible period of stacking
     - stacking in such a way as to allow rapid drying

   - in wood processing?
     - shortest possible storage
     - rapid processing

Certain recommendations for keeping the timber value as high as possible can be made.

1. <u>Harvesting</u>
   Wood should be harvested promptly, i.e., at the latest when a medium degree of needle loss is apparent. That prevents too great a loss of sapwood and in particular of sapwood water content, which in turn precludes attack by discolouring and destructive fungi.

2. <u>Storage of round timber</u>
   With relatively short storage periods (3 to 4 months at most) during the cold season, it is advisable to allow the further drying out to proceed as slowly as possible (storage with bark in a shady place, dense stacking). In all other cases (especially with timber from severely damaged or dead trees), the wood should dry out as quickly as possible (peeling, storage with good ventilation in the sun), though this may lead to increased fissuring. In case of need (extensive compulsory felling, natural disasters) treatment of the cut ends with preservative should be considered.

3. <u>Processing</u>
   <u>Intermediate storage</u> in wood industries should be kept as brief as possible. <u>Natural drying</u> of timber from damaged spruces will probably take less time than usual. With timber from damaged trees, <u>impregnation</u> of sap-moist wood will be reduced by at least the same extent as the width of the sapwood. Caution should be exercised in producing mechanical pulp from timber from severely damaged or moribund trees. It is not yet clear whether special measures are needed in the <u>surface treatment</u> of wood from damaged trees.

4. <u>Uses</u>
   With the exceptions mentioned above, there is no difference between timber from damaged spruces and that from healthy ones. This is true for practically all uses.

The above recommendations are based on both this study and the literature. They may be regarded as generally valid for spruce, and, with caution, possibly applied analogously to other conifers. Similar studies on broadleaves have yet to be conducted.

10. LITERATUR

Anonym, 1983: Noch vor drei Jahren war das Waldsterben unbekannt. Eine längst fällige Richtigstellung. Holz-Zentralblatt 109.

Aegerter, I. und Leder, R.A. 1984: Waldsterben. Energieforum Schweiz, Bern, 72 S.

Arnold, M., Schnell, G. und Sell, J. 1986: Vergleichende Splintflächen-Bestimmung waldfrischer Nadelholz-Stammquerschnitte. Holz als Roh- und Werkstoff 44(11): 432.

Aszmutat, H., Koltzenburg, Ch. und Weiss, W.J. 1986: Untersuchung der Holzeigenschaften von Fichte und Buche aus immissionsexponierten Beständen von Hils und Solling. Holz als Roh- und Werkstoff 44(8): 301.

Aufsess, H. von 1986: Lagerverhalten von Stammholz aus gesunden und erkrankten Kiefern, Fichten und Buchen. Holz als Roh- und Werkstoff 44(8): 325.

Bauch, J. 1986: Characteristics and response of wood in declining trees from forests affected by pollution. IAWA Bulletin n.s., 7(4): 269 - 276.

Bauch, J. und Frühwald, A. 1983: Waldschäden und Holzqualität. Holz-Zentralblatt 109(152): 2161 - 2162.

Bauch, J., Göttsche-Kühn, H. und Rademacher, P. 1986: Anatomische Untersuchungen am Holz von gesunden und kranken Bäumen aus Waldschadensgebieten. Holzforschung 40(5): 281 - 288.

Bosshard, H.H. 1965: Aspects of the aging process in cambium and xylem. Holzforschung 19(3): 65 - 69.

Bosshard, H.H., Kučera, L.J., Stoll, A. und Mochfegh, K. 1986: Holzkundliche und holztechnologische Untersuchungen an geschädigten Fichten und Tannen. Schweizerische Zeitschrift für Forstwesen 137(6): 463 - 478.

Buchholzer, P. und Harbs, C. 1986: Eignung von Fichtenholz aus Waldschadensgebieten zur Herstellung von Holzspanplatten. Holz als Roh- und Werkstoff 44(8): 281 - 285.

Buchholzer, P. 1986: Vergleichende Beurteilung phenolharzverleimter Spanplatten aus gesundem und stark immissionsgeschädigtem Fichtenholz. Holz als Roh- und Werkstoff 44(5): 192.

Buchmüller, K.St. 1986: Jahrringcharakteristik und Gefässlängen in Fagus sylvatica L. Vierteljahrsschrift der Naturforschenden Gesellschaft in Zürich 131(3): 161 - 182.

Burmester, H. 1980: Holzfeuchtigkeit in Nadelhölzern. Jahreszeitliche Einflüsse auf die Eigenschaften des Splint- und Kernholzes von Nadelbäumen. Holz-Zentralblatt 106(91): 1303 - 1305.

Cymorek, S. 1980: Färbeverfahren zur Unterscheidung von Holzzonen mit unterschiedlichem Absorptionsvermögen, insbesondere bei Fichtenholz (Picea abies Karst.). Holz als Roh- und Werkstoff 38(7): 257 - 263.

Findlay, W.P.K. 1962: The preservation of timber. Adam & Charles Black, London, 162 p.

Frühwald, A., Bauch, J. und Göttsche-Kühn, H. 1984: Holzeigenschaften von Fichten aus Waldschadensgebieten. Untersuchungen an frisch gefälltem Holz. Holz als Roh- und Werkstoff 42(12): 441 - 449.

Frühwald, A., Schwab, E., Mehringer, H. und Krause, H.-A. 1986: Zuwachs, Dichte und mechanische Eigenschaften des Holzes von Kiefern aus Waldschadensgebieten. Holz als Roh- und Werkstoff 44(10): 399 -406.

Glos, P. und Schulz, H. 1986: Qualität und Festigkeit von Bauschnittholz aus Waldschadensgebieten. Holz als Roh- und Werkstoff 44(8): 293 - 302.

Göttsche-Kühn, H. und Frühwald, A. 1986: Holzeigenschaften von Fichten aus Waldschadensgebieten. Untersuchungen an gelagertem Holz. Holz als Roh- und Werkstoff 44(8): 313 - 318.

Grammel, R.H., Becker, G., Gross, M. und Höwecke, B. 1986: Einige Holzeigenschaften erkrankter Fichten und Tannen aus Baden-Württemberg, als Ergebnis einer flächendeckenden Erhebung. Holz als Roh- und Werkstoff 44(8): 287 - 292.

Grosser, D., Schulz, H. und Utschig, H. 1985: Mögliche anatomische Veränderungen in erkrankten Nadelbäumen. Holz als Roh- und Werkstoff 43(8): 315 - 323.

Hapla, F. 1986a: Splint- und Kernanteile an Kiefern unterschiedlicher Immissionsschadstufen. Holz als Roh- und Werkstoff 44(9): 361.

Hapla, F. 1986b: Holzfeuchtigkeit von Kiefern unterschiedlicher Immissionsschadstufen. Holz als Roh- und Werkstoff 44(11): 432.

Hapla, F. , Knigge, W. und Rommerskirchen, A. 1987: Physikalische Holzeigenschaften und Zuwachs von schadsymptomfreien und immissionsgeschädigten Kiefern. Forstarchiv 58(5): 211 - 216.

Hartmann, Ph., Schneider, O., Petter, D.A. et Schlaepfer, R. 1987: Etude des relations, chez l'épicéa, entre la largeur du cerne et l'état sanitaire de la cime. Journal forestier suisse 138(11): 923 - 943.

Jacobi, C. 1987:: Untersuchungen zur Ast-Stammholz-Uebergangszone in Fichte. Unveröffentlichte Diplomarbeit ETH, 88 S., Zürich.

König, E. (Hrsg.) 1972: Holz-Lexikon. Band I: A - M. DRW-Verlags-GmbH, Stuttgart, 634 S.

Kučera, L.J. 1984: Waldsterben-Holzeigenschaften-Holzqualität. SAH Bulletin 12(4): 2 - 28.

Kučera, L.J. 1986: Kernspintomographie und elektrische Widerstandsmessung als Diagnosemethoden der Vitalität erkrankter Bäume.
Schweizerische Zeitschrift für Forstwesen 137(8): 673 - 690.

Kučera, L.J. und Bariska, M. 1982: Zur Topographie der Holzeigenschaften
im Baumkörper. Forstarchiv 53(4): 136 - 141.

Kučera, L.J. und Brunner, P. 1985: Kernspintomographie zur Untersuchung
kranker Bäume. Neue Zürcher Zeitung 206(252): 89.

Langner, W. 1932: Die Wasserverteilung im Stammholz der Fichte und ihre
Veränderungen. Botanisches Archiv 34: 1 - 47.

Liese, W. 1986: Biologische Resistenz und Tränkbarkeit von Fichtenholz
aus Waldschadensgebieten. Holz als Roh- und Werkstoff 44(8): 325
- 326.

Liese, W. und Peek, R.-D. 1985: Tränkbarkeit von Fichtenholz aus
immissionsgeschädigten Beständen. Holz als Roh- und Werkstoff 43:
507 - 509.

Oberländerová, A. a Nečesaný, V. 1987: Sekundárne znaky smrekového dreva
poškodeného priemyslovými exhalátmi. (Die sekundären Merkmale des
durch industrielle Schadstoffemissionen beschädigten Fichtenholzes). Drevársky Výskum 32(114): 3 - 15.

Popper, R.R. 1988: Beitrag zur Auswirkung des sauren Regens auf die
Holzqualität. Unveröffentlichtes Manuskript, 8 S.

Rademacher, P., Bauch, J. and Puls, J. 1986: Biological and chemical
investigations of the wood from pollution-affected spruce (Picea
abies (L.) Karst.). Holzforschung 40(6): 331 - 338.

Sachs, L. 1974: Angewandte Statistik. Springer Verlag, Berlin-Heidel-
berg-New York.

Saur, J., Seehann, G. und Liese, W. 1986: Zur Verblauung von Fichtenholz
aus Waldschadensgebieten. Holz als Roh- und Werkstoff 44(9): 329
- 332.

Schmid-Haas, P., Masumy, L.A., Niederer, M. und Schweingruber, F.H.
1986: Zuwachs- und Kronenanalysen an geschwächten Tannen.
Schweizerische Zeitschrift für Forstwesen 137(10): 811 - 832.

Schmidt, O. 1985: Occurrence of microorganisms in the wood of Norway
spruce trees from polluted sites. European Journal of Forest
Pathology 15(1): 2 - 10.

Schmidt, O., Bauch, J., Rademacher, P. und Göttsche-Kühn, H. 1986:
Mikrobiologische Untersuchungen an frischem und gelagertem Holz
von Bäumen aus Waldschadensgebieten und Prüfung der Pilzresistenz
des frischen Holzes. Holz als Roh- und Werkstoff 44(8): 319 -
325.

Schnell, G.R., Arnold, M. und Sell, J. 1987: Der Wasserhaushalt unterschiedlich vitaler Fichten und Tannen. Schweizerische Zeitschrift
für Forstwesen 138(11): 963 - 992.

154

Schultze-Dewitz, G. 1958: Einfluss der soziologischen Stellung auf den Jahrringbau sowie auf die Holzelemente bei Fichten und Tannen eines Naturwaldes. Archiv für Forstwesen 6(1): 24 - 28.

Schulz, H. 1984: Immissionen-Waldschäden und Holzqualität. Holz-Zentralblatt 110(103): 1493 - 1494.

Schulz, H. 1986: Festigkeit und Wassergehalt in Fichten, Kiefern und Buchen unterschiedlicher Schadstufen. Holz als Roh- und Werkstoff 44(8): 300 - 301.

Schütt, P. 1983: Kritische Gedanken zur "Waldsterben"-Forschung. Holz-Zentralblatt 109(10): 129 - 130.

Schütt, P., Koch, W., Blaschke, H., Lang, K.J., Schuck, H.J. und Summerer, H. 1983: So stirbt der Wald. BLV Verlagsgesellschaft, München-Wien-Zürich, 95 S.

Shortle, W.C. and Bauch, J. 1986: Wood characteristics of Abies balsamea in the New England states compared to Abies alba from sites in Europe with decline problems. IAWA Bulletin n.s., 7(4): 375 - 387.

Skutt, H.R., Shigo, A.L. and Lessard, R.A. 1972: Detection of discolored and decayed wood in living trees using a pulsed electric current. Canadian Journal of Forest Research 2: 54 - 56.

Strack, S. und Unger, H. 1986: Untersuchungen des Wassertransports und der Wasserumsätze in Fichten mit Hilfe von Tritium. 2. Statuskolloquium des PEF, pp. 213 - 224, Kernforschungszentrum Karlsruhe.

Trendelenburg, R. 1939: Das Holz als Rohstoff. Seine Entstehung, stoffliche Beschaffenheit und chemische Verwertung. J.F. Lehmanns Verlag, München und Berlin, 435 S.

Vorreiter, L. 1949: Holztechnologisches Handbuch. Band 1: Allgemeines, Holzkunde, Holzschutz und Holzvergütung. Verlag Georg Fromme & Co., Wien, 548 S.

Weber, E. 1972: Grundriss der biologischen Statistik. VEB Gustav Fischer Verlag, Jena, 706 S.

Zschuravleva, M.V. 1972: Sposob opredelenija aktivnosti kambija u rastuschtschich derevjev jeli. (Methode zur Bestimmung der Kambiumaktivität in wachsenden Fichten.) Lesnoj Zschurnal (1): 140 - 141.

11. AUTORENVERZEICHNIS

13. ANHANG

1a: Visuelle Splintholzmerkmale

1b: Splintholzmerkmale aus der Darrtrocknung und der Messung der elektrischen Leitfähigkeit

1c: Splintholzmerkmale aus den NMR-Untersuchungen

ANHANG 1a: VISUELLE SPLINTHOLZMERKMALE

Scheiben-bezeich-nung	Scheiben-alter Jahre	Scheiben-durchmes-ser cm	Splintholz-breite cm Nord vis.	Mittlere Splintholz-breite cm	Splintholz-anteil % gemessen	Formfaktor des Kernes x 10^{-3}
FIN 1002	38	30,2	7,3	5,8	63,0	482
1007	32	26,8	5,4	5,1	62,0	394
1012	24	23,5	4,2	4,2	56,9	417
FIN 1102	48	34,5	6,3	7,0	68,0	381
1107	41	30,3	7,3	6,4	68,2	708
1112	33	26,8	7,5	6,6	76,3	822
FIN 1202	101	35,5	4,7	4,4	44,2	602
1207	87	30,0	3,6	3,3	38,4	782
1212	79	25,5	2,7	3,0	40,0	761
FIN 1302	54	35,0	2,1	3,1	32,3	965
1307	46	30,0	3,9	3,7	41,9	957
1312	36	27,5	4,8	5,4	63,7	858
FIN 1402	80	30,7	3,0	2,9	34,4	908
1407	70	26,8	1,8	2,2	29,1	926
1412	62	24,6	1,5	1,8	26,4	937
FIN 1502	89	47,8	5,0	6,0	43,1	580
1507	81	43,0	5,4	6,2	50,3	500
1512	73	38,5	5,4	5,7	50,7	887
FIN 1602	36	12,2	2,7	3,0	77,1	809
1607	28	9,7	2,3	3,4	90,5	800
1612	21	7,7	2,0	2,4	85,4	729
FIN 1702	46	16,0	3,9	3,3	65,8	720
1707	38	14,1	3,1	2,8	65,1	726
1712	29	11,3	1,8	3,4	82,9	681
FIN 1802	100	26,5	2,1	2,3	32,4	973
1807	91	23,4	2,0	2,3	35,0	972
1812	83	20,8	2,0	2,3	39,7	970
FIN 1902	43	11,7	2,2	2,5	67,9	876
1907	30	10,8	2,7	3,0	79,6	784
1912	21	8,6	2,6	2,7	83,9	613
FIN 2002	44	25,7	2,5	3,6	49,6	644
2007	35	20,6	3,2	3,6	58,3	907
2012	29	17,2	2,8	3,5	66,0	847
FIN 2102	86	29,0	2,6	2,2	27,9	813
2107	78	25,5	2,1	2,2	34,0	883
2112	69	21,5	2,3	2,5	41,7	910
FIN 2202	101	45,5	6,8	6,5	50,0	754
2207	91	38,5	4,2	5,0	44,2	891
2212	83	37,2	4,6	4,9	46,2	988
FIN 2302	114	56,0	6,9	8,1	48,3	505
2307	100	42,0	5,5	5,4	43,0	681
2312	86	41,5	4,4	5,4	45,7	975
FIN 2402	147	60,5	2,8	4,0	23,6	754
2407	135	49,0	3,0	5,0	33,6	893
2412	127	46,0	4,5	4,8	35,5	549
FIN 2502	103	44,0	4,6	3,9	34.1	835
2507	93	37,0	4,0	3,7	36.2	959
2512	85	34,0	2,7	3,4	37,6	985
FIN 2602	111	42,5	3,8	4,1	34,7	872
2607	101	35,5	2,5	3,4	34,1	938
2612	87	34,5	2,5	3,4	35,8	969

ANHANG 1a: VISUELLE SPLINTHOLZMERKMALE

Scheiben-bezeich-nung	Scheiben-alter Jahre	Scheiben-durchmes-ser cm	Splintholz-breite cm Nord vis.	Mittlere Splintholz-breite cm	Splintholz-anteil % gemessen	Formfaktor des Kernes x 10^{-3}
FIN 2702	143	40,5	2,4	2,5	23,1	805
2707	133	36,0	1,8	2,2	23,9	950
2712	118	33,5	1,6	2,9	32,5	970
FIN 2802	106	31,9	3,2	3,3	38,9	848
2807	95	24,8	2,3	3,1	44,0	955
2812	79	22,7	2,4	3,0	46,3	919
FIN 2902	98	31,1	2,2	2,8	33,5	964
2907	90	27,2	2,3	2,6	35,0	982
2912	83	23,2	2,0	2,6	40,3	974
FIN 3002	114	22,5	2,0	2,2	35,0	947
3007	102	19,5	1,4	1,7	32,2	987
3012	90	17,8	1,8	1,9	37,8	979
FIN 3102	102	33,5	2,1	2,1	24,8	863
3107	98	28,5	2,4	2,1	27,5	820
3112	87	25,5	2,4	2,4	33,3	755
FIN 3202	103	32,5	2,5	3,4	37,1	950
3207	91	29,0	2,2	3,0	37,3	849
3212	80	27,5	3,0	3,8	48,6	964
FIN 3302	131	38,5	2,2	2,6	26,0	905
3307	117	30,5	2,2	1,9	24,3	959
3312	105	28,5	2,0	1,9	25.3	972
FIN 3402	98	30,5	1,0	2,1	25.6	913
3407	87	27,6	2,1	2,3	30,0	989
3412	81	23,0	2,4	2,2	33,8	968
FIS 5002	74	44,0	6,5	5,7	45,2	517
5007	69	37,0	6,0	6,7	58,6	805
5012	57	34,0	6,2	6,6	62,3	500
FIS 5102	94	46,5	5,0	4,4	34,5	921
5107	82	39,5	4,1	4,5	41,0	978
5112	68	35,5	4,4	4,8	48,2	991
FIS 5202	77	37,5	,8	,8	8,8	957
5207	68	32,5	2,5	2,1	25,3	852
5212	60	28,8	5,0	4,7	55,5	707
FIS 5302	75	32,1	1,6	1,5	17,6	974
5307	65	28,0	2,6	2,7	34,6	961
5312	57	25,0	3,5	4,1	54,6	942
FIS 5402	73	39,0	4,5	4,3	40,6	703
5407	63	33,2	3,5	3,9	41,5	864
5412	53	27,2	4,5	4,5	55,0	920
FIS 5502	78	28,2	2,4	2,6	34,2	884
5507	71	25,0	1,7	2,5	37,3	960
5512	59	22,0	2,2	2,7	44,7	872
FIS 5602	74	22,0	2,2	2,5	40,8	832
5607	65	18,5	2,4	2,8	52,3	963
5612	54	14,8	2,3	2,7	59,8	857
FIS 5702	73	17,3	2,4	2,2	45,4	946
5707	54	14,8	2,2	2,4	54,2	877
5712	32	9,0	3,2	2,7	84,4	909

ANHANG 1a: VISUELLE SPLINTHOLZMERKMALE

Scheiben-bezeich-nung	Scheiben-alter Jahre	Scheiben-durchmes-ser cm	Splintholz-breite cm Nord vis.	Mittlere Splintholz-breite cm	Splintholz-anteil % gemessen	Formfaktor des Kernes x 10^{-3}
FIS 5802	67	13,8	1,0	1,1	28,9	954
5807	59	12,4	1,0	1,3	36,6	887
5812	48	10,2	1,4	1,7	57,0	941
FIS 5902	68	17,5	1,8	2,0	42,2	932
5907	58	15,3	1,8	1,7	44,1	880
5912	48	12,5	1,8	2,0	54,4	925
FIS 6002	65	29,2	0,8	0,7	9,6	985
6007	56	24,7	1,7	1,7	26,5	968
6012	46	21,0	3,0	3,5	55,5	982
FIS 6102	136	54,0	4,0	3,9	27,7	826
6107	123	45,5	3,4	3,9	31,9	886
6112	111	41,0	3,2	4,1	35,8	871
FIS 6202	156	50,5	3,3	4,1	31,2	918
6207	142	44,5	4,2	4,7	37,9	989
6212	132	40,5	4,6	4,8	41,0	989
FIS 6302	162	54,4	6,9	6,9	44,9	622
6307	147	47,0	5,3	6,3	45,8	601
6312	136	42,0	4,7	5,6	45,8	714
FIS 6402	203	65,0	1,5	2,0	11,9	947
6407	190	55,0	4,0	3,8	26,2	971
6412	182	50,5	2,9	2,9	21,4	988
FIS 6502	151	30,5	1,8	2,3	29,2	946
6507	136	27,0	1,8	2,1	29,2	947
6512	124	22,9	2,0	2,1	33,3	918
FIS 6602	149	32,5	3,0	3,4	36,4	842
6607	134	26,5	1,8	2,7	36,1	905
6612	120	25,0	2,1	2,6	37,5	943
FIS 7002	95	36,0	6,2	6,4	59,4	850
7007	80	34,0	5,4	5,8	60,1	966
7012	64	28,5	5,3	5,5	63,7	972
FIS 7102	139	43,0	9,0	6,2	49,1	881
7107	123	38,5	6,4	5,7	52,0	881
7112	102	34,0	5,4	5,6	55,6	927
FIS 7202	145	54,5	0,7	3,2	22,9	945
7207	124	45,0	2,8	3,0	24,8	957
7212	111	39,5	3,2	3,1	29,0	974
FIS 7302	186	26,5	2,4	2,6	35,6	912
7307	162	22,5	2,3	2,6	41,4	912
7312	139	18,0	3,2	3,4	60,5	901
FIS 7402	212	26,7	2,0	1,7	25,5	891
7407	134	22,3	1,5	1,3	23,5	878
7412	124	18,6	1,3	1,1	23,6	834
FIS 7502	83	20,5	1,4	1,4	26,4	987
7507	69	16,7	2,5	2,3	47,9	737
7512	49	12,0	2,5	2,7	69,5	936
FIS 7602	112	22,5	1,3	1,5	24,2	941
7607	101	21,3	1,2	1,4	25,4	721
7612	90	16,8	1,0	1,4	30,3	908

ANHANG 1b: Splintholzmerkmale aus der Darrtrocknung und der Messung der elektrischen Leitfähigkeit

Projekt 4.001-0.86.12		Kapitel 'SPLINTHOLZANTEIL'				Baum FIN10		
Methoden		DARRTROCKNUNG			VITAMAT			
Höhen	[m]	02	07	12	02	07	12
Stammquerschnittsfläche	[cm²]	681	545	464	681	545	464
Splintholzbreite Nord	[cm]	9	6.5	5	9	6.5	5
max. Wassergehalt/Leitwert	[%/S]	269	236	238	667	536	388
tot. Wassergehalt/Leitwert	[%/S]	3859	2615	2008	10986	5635	6164
mittlerer Wassergeh./Leitw.	[%/S]	214	201	201	244	171	247
qualif. Splinth.fläche [cm²%/cm²S]		125471	81706	61800	152236	75968	77157
qualif. Splintholzanteil	[%/S]	184	150	133	224	139	166

Projekt 4.001-0.86.12		Kapitel 'SPLINTHOLZANTEIL'				Baum FIN11		
Methoden		DARRTROCKNUNG			VITAMAT			
Höhen	[m]	02	07	12	02	07	12
Stammquerschnittsfläche	[cm²]	826	677	520	826	677	520
Splintholzbreite Nord	[cm]	9	8.5	9.5	9	8.5	9.5
max. Wassergehalt/Leitwert	[%/S]	205	207	215	675	945	997
tot. Wassergehalt/Leitwert	[%/S]	3126	3042	3456	5509	6835	8415
mittlerer Wassergeh./Leitw.	[%/S]	174	179	182	122	159	175
qualif. Splinth.fläche [cm²%/cm²S]		117935	101456	90816	93968	101996	106136
qualif. Splintholzanteil	[%/S]	143	150	175	114	151	204

Projekt 4.001-0.86.12		Kapitel 'SPLINTHOLZANTEIL'				Baum FIN12		
Methoden		DARRTROCKNUNG			VITAMAT			
Höhen	[m]	02	07	12	02	07	12
Stammquerschnittsfläche	[cm²]	965	734	542	965	734	542
Splintholzbreite Nord	[cm]	5.5	4	3	5.5	4	3
max. Wassergehalt/Leitwert	[%/S]	181	178	177	564	499	527
tot. Wassergehalt/Leitwert	[%/S]	1569	1144	914	1822	1570	1319
mittlerer Wassergeh./Leitw.	[%/S]	143	143	152	65	79	88
qualif. Splinth.fläche [cm²%/cm²S]		74070	48245	33663	37612	28337	20516
qualif. Splintholzanteil	[%/%]	77	66	62	39	39	38

Projekt 4.001-0.86.12		Kapitel 'SPLINTHOLZANTEIL'			Baum FIN13		
Methoden		DARRTROCKNUNG			VITAMAT		
Höhen	[m]	02	07	12	02	07	12
Stammquerschnittsfläche	[cm²]	946	739	576	946	739	576
Splintholzbreite Nord	cm]	3.5	4.5	6	3.5	4.5	6
max. Wassergehalt/Leitwert	[%/S]	252	226	212	495	564	785
tot. Wassergehalt/Leitwert	[%/S]	1311	1712	2140	2689	3469	6012
mittlerer Wassergeh./Leitw.	[%/S]	187	190	178	149	151	200
qualif. Splinth.fläche [cm²%/cm²S]		64353	69984	71876	53563	59730	86348
qualif. Splintholzanteil	[%/%]	68	95	125	57	81	150

Projekt 4.001-0.86.12		Kapitel 'SPLINTHOLZANTEIL'			Baum FIN14		
Methoden		DARRTROCKNUNG			VITAMAT		
Höhen	[m]	02	07	12	02	07	12
Stammquerschnittsfläche	[cm²]	710	585	500	710	585	500
Splintholzbreite Nord	[cm]	4	2	1.5	4	2	1 5
max. Wassergehalt/Leitwert	[%/S]	153	143	155	325	307	293
tot. Wassergehalt/Leitwert	[%/S]	1066	504	414	1518	1190	1008
mittlerer Wassergeh./Leitw.	[%/S]	133	126	138	76	119	126
qualif. Splinth.fläche [cm²%/cm²S]		43942	20083	15459	26031	19542	15417
qualif. Splintholzanteil	[%/%]	62	34	31	37	33	31

Projekt 4.001-0.86.12		Kapitel 'SPLINTHOLZANTEIL'			Baum FIN15		
Methoden		DARRTROCKNUNG			VITAMAT		
Höhen	[m]	02	07	12	02	07	12
Stammquerschnittsfläche	[cm²]	1867	1393	1144	1867	1393	1144
Splintholzbreite Nord	[cm]	5.5	6	6	5.5	6	6
max. Wassergehalt/Leitwert	[%/S]	224	179	172	508	596	626
tot. Wassergehalt/Leitwert	[%/S]	1905	1850	1837	2715	2081	2347
mittlerer Wassergeh./Leitw.	[%/S]	173	154	153	97	69	78
qualif. Splinth.fläche [cm²%/cm²S]		129452	105844	93694	76673	45489	51692
qualif. Splintholzanteil	[%/%]	69	76	82	41	33	45

Projekt 4.001-0.86.12 **Kapitel 'SPLINTHOLZANTEIL'** **Baum FIN16**

Methoden		DARRTROCKNUNG			VITAMAT		
Höhen	[m]	02	07	12	02	07	12
Stammquerschnittsfläche	[cm^2]	105	74	48	105	74	48
Splintholzbreite Nord	cm]	3	3	2	3	3	2
max. Wassergehalt/Leitwert	[%/S]	178	172	166	409	353	309
tot. Wassergehalt/Leitwert	[%/S]	955	868	622	2179	1405	1104
mittlerer Wassergeh./Leitw.	[%/S]	159	145	156	145	94	110
qualif. Splinth.fläche	[cm^2%/cm^{2}S]	12930	9371	5641	12789	6829	4416
qualif. Splintholzanteil	[%/%]	123	127	118	122	92	92

Projekt 4.001-0.86.12 **Kapitel 'SPLINTHOLZANTEIL'** **Baum FIN17**

Methoden		DARRTROCKNUNG			VITAMAT		
Höhen	[m]	02	07	12	02	07	12
Stammquerschnittsfläche	[cm^2]	202	149	105	202	149	105
Splintholzbreite Nord	[cm]	3.5	3.5	2	3.5	3.5	2
max. Wassergehalt/Leitwert	[%/S]	193	194	191	700	586	375
tot. Wassergehalt/Leitwert	[%/S]	1040	1028	654	1965	2618	1518
mittlerer Wassergeh./Leitw.	[%/S]	149	147	164	109	145	152
qualif. Splinth.fläche	[cm^2%/cm^{2}S]	21139	17177	9952	17491	19369	9645
qualif. Splintholzanteil	[%/%]	105	115	95	87	130	92

Projekt 4.001-0.86.12 **Kapitel 'SPLINTHOLZANTEIL'** **Baum FIN18**

Methoden		DARRTROCKNUNG			VITAMAT		
Höhen	[m]	02	07	12	02	07	12
Stammquerschnittsfläche	[cm^2]	540	426	335	540	426	335
Splintholzbreite Nord	[cm]	2.5	2	2	2.5	2	2
max. Wassergehalt/Leitwert	[%/S]	159	177	173	103	341	429
tot. Wassergehalt/Leitwert	[%/S]	707	633	644	357	625	947
mittlerer Wassergeh./Leitw.	[%/S]	141	158	161	27	63	95
qualif. Splinth.fläche	[cm^2%/cm^{2}S]	26535	21243	18892	5470	8795	11718
qualif. Splintholzanteil	[%/%]	49	50	56	10	21	35

166

Projekt 4.001-0.86.12		Kapitel 'SPLINTHOLZANTEIL'			Baum FIN19		
Methoden		DARRTROCKNUNG			VITAMAT		
Höhen	[m]	02	07	12	02	07	12
Stammquerschnittsfläche	[cm²]	106	93	62	106	93	62
Splintholzbreite Nord	[cm]	2	2.5	2.5	2	2.5	2.5
max. Wassergehalt/Leitwert	[%/S]	127	150	166	256	298	440
tot. Wassergehalt/Leitwert	[%/S]	466	597	644	606	976	1679
mittlerer Wassergeh./Leitw.	[%/S]	117	119	129	61	75	129
qualif. Splinth.fläche	[cm²%/cm²S]	7099	7998	6686	4000	5783	7815
qualif. Splintholzanteil	[%/%]	67	86	108	38	62	126

Projekt 4.001-0.86.12		Kapitel 'SPLINTHOLZANTEIL'			Baum FIN20		
Methoden		DARRTROCKNUNG			VITAMAT		
Höhen	[m]	02	07	12	02	07	12
Stammquerschnittsfläche	[cm²]	486	333	215	486	333	215
Splintholzbreite Nord	[cm]	3.5	3.5	3	3.5	3.5	3
max. Wassergehalt/Leitwert	[%/S]	203	209	205	257	332	352
tot. Wassergehalt/Leitwert	[%/S]	1104	1201	1027	1424	1402	1350
mittlerer Wassergeh./Leitw.	[%/S]	158	172	171	79	78	90
qualif. Splinth.fläche	[cm²%/cm²S]	37851	32748	22365	20401	16403	12629
qualif. Splintholzanteil	[%/%]	78	98	104	42	49	59

Projekt 4.001-0.86.12		Kapitel 'SPLINTHOLZANTEIL'			Baum FIN21		
Methoden		DARRTROCKNUNG			VITAMAT		
Höhen	[m]	02	07	12	02	07	12
Stammquerschnittsfläche	[cm²]	680	447	357	680	447	357
Splintholzbreite Nord	[cm]	2.5	2	2.5	2.5	2	2.5
max. Wassergehalt/Leitwert	[%/S]	159	163	171	325	264	355
tot. Wassergehalt/Leitwert	[%/S]	698	563	706	1056	861	1050
mittlerer Wassergeh./Leitw.	[%/S]	140	141	141	81	86	81
qualif. Splinth.fläche	[cm²%/cm²S]	29652	19427	21150	18706	12254	13179
qualif. Splintholzanteil	[%/%]	44	43	59	28	27	37

Projekt 4.001-0.86.12		Kapitel 'SPLINTHOLZANTEIL'			Baum FIN22		
Methoden		DARRTROCKNUNG			VITAMAT		
Höhen	[m]	02	07	12	02	07	12
Stammquerschnittsfläche	[cm²]	1554	1223	1079	1554	1223	1079
Splintholzbreite Nord	[cm]	7	5	5.5	7	5	5.5
max. Wassergehalt/Leitwert	[%/S]	196	190	184	686	708	1058
tot. Wassergehalt/Leitwert	[%/S]	2318	1573	1672	3353	2417	3618
mittlerer Wassergeh./Leitw.	[%/S]	166	157	152	96	86	145
qualif. Splinth.fläche [cm²%/cm²S]		138292	86265	83960	85857	54726	78704
qualif. Splintholzanteil	[%/%]	89	71	78	55	45	73

Projekt 4.001-0.86.12		Kapitel 'SPLINTHOLZANTEIL			Baum FIN23		
Methoden		DARRTROCKNUNG			VITAMAT		
Höhen	m]	02	07	12	02	07	12
Stammquerschnittsfläche	[cm²]	2584	1540	1307	2584	1540	1307
Splintholzbreite Nord	[cm]	8.5	6.5	5	8.5	6.5	5
max. Wassergehalt/Leitwert	[%/S]	240	205	202	493	607	427
tot. Wassergehalt/Leitwert	[%/S]	3301	2330	1918	4300	3641	2485
mittlerer Wassergeh./Leitw.	[%/S]	194	179	192	100	110	99
qualif. Splinth.fläche [cm²%/cm²S]		253936	140126	107991	138922	92322	59103
qualif. Splintholzanteil	[%/%]	98	91	83	54	60	45

Projekt 4.001 0.86.12		Kapitel 'SPLINTHOLZANTEIL'			Baum FIN24		
Methoden		DARRTROCKNUNG			VITAMAT		
Höhen	[m]	02	07	12	02	07	12
Stammquerschnittsfläche	[cm²]	3122	2331	1878	3122	2331	1878
Splintholzbreite Nord	[cm]	3.5	4	5.5	3.5	4	5.5
max. Wassergehalt/Leitwert	[%/S]	210	222	240	688	556	575
tot. Wassergehalt/Leitwert	[%/S]	1297	1676	2297	5454	3786	3188
mittlerer Wassergeh./Leitw.	[%/S]	185	210	209	303	189	114
qualif. Splinth.fläche [cm²%/cm²S]		121423	133208	157885	205509	123257	91404
qualif. Splintholzanteil	[%/%]	39	57	84	66	53	49

168

Projekt 4.001-0.86.12	Kapitel 'SPLINTHOLZANTEIL'			Baum FIN25		
Methoden		DARRTROCKNUNG			VITAMAT	
Höhen [m]	02	07	12	02	07	12
Stammquerschnittsfläche [cm²]	1339	1050	806	1339	1050	806
Splintholzbreite Nord [cm]	4.5	3.5	3	4.5	3.5	3
max. Wassergehalt/Leitwert [%/S]	210	207	213	711	645	681
tot. Wassergehalt/Leitwert [%/S]	1587	1239	1111	2683	2119	2511
mittlerer Wassergeh./Leitw. [%/S]	176	177	185	117	118	167
qualif. Splinth.fläche [cm²%/cm²S]	92650	64814	50943	66047	46228	47955
qualif. Splintholzanteil [%/%]	69	62	63	49	44	59

Projekt 4.001-0.86.12	Kapitel 'SPLINTHOLZANTEIL'			Baum FIN26		
Methoden		DARRTROCKNUNG			VITAMAT	
Höhen [m]	02	07	12	02	07	12
Stammquerschnittsfläche [cm²]	1404	993	899	1404	993	899
Splintholzbreite Nord [cm]	3.5	3	3	3.5	3	3
max. Wassergehalt/Leitwert [%/S]	144	143	168	528	696	750
tot. Wassergehalt/Leitwert [%/S]	913	727	806	2816	2505	2630
mittlerer Wassergeh./Leitw. [%/S]	130	121	134	156	167	175
qualif. Splinth.fläche [cm²%/cm²S]	55512	37207	39233	70430	53735	53332
qualif. Splintholzanteil [%/%]	40	37	44	50	54	59

Projekt 4.001-0.86.12	Kapitel 'SPLINTHOLZANTEIL'			Baum FIN27		
Methoden		DARRTROCKNUNG			VITAMAT	
Höhen [m]	02	07	12	02	07	12
Stammquerschnittsfläche [cm²]	1253	949	839	1253	949	839
Splintholzbreite Nord [cm]	3	2.5	2.5	3	2.5	2.5
max. Wassergehalt/Leitwert [%/S]	152	172	185	490	471	669
tot. Wassergehalt/Leitwert [%/S]	771	660	645	1956	1298	2146
mittlerer Wassergeh./Leitw. [%/S]	129	132	129	130	100	165
qualif. Splinth.fläche [cm²%/cm²S]	44866	33607	30852	46757	27250	42177
qualif. Splintholzanteil [%/%]	36	35	37	37	29	50

Projekt 4.001-0.86.12		Kapitel 'SPLINTHOLZANTEIL'			Baum FIN28		
Methoden		DARRTROCKNUNG			VITAMAT		
Höhen	[m]	02	07	12	02	07	12
Stammquerschnittsfläche	[cm²]	735	486	387	735	486	387
Splintholzbreite Nord	[cm]	4	2	2.5	4	2	2.5
max. Wassergehalt/Leitwert	[%/S]	166	177	178	521	709	700
tot. Wassergehalt/Leitwert	[%/S]	1207	609	682	2023	2054	3591
mittlerer Wassergeh./Leitw.	[%/S]	151	152	136	101	205	276
qualif. Splinth.fläche	[cm²%/cm²S]	50816	22005	21415	36079	30680	46243
qualif. Splintholzanteil	[%/%]	69	45	55	49	63	119

Projekt 4.001-0.86.12		Kapitel 'SPLINTHOLZANTEIL'			Baum FIN29		
Methoden		DARRTROCKNUNG			VITAMAT		
Höhen	[m]	02	07	12	02	07	12
Stammquerschnittsfläche	[cm²]	747	560	414	747	560	414
Splintholzbreite Nord	[cm]	2.5	2.5	2.5	2.5	2.5	2.5
max. Wassergehalt/Leitwert	[%/S]	172	168	172	1313	1089	1056
tot. Wassergehalt/Leitwert	[%/S]	726	722	787	6774	4520	4010
mittlerer Wassergeh./Leitw.	[%/S]	145	144	157	521	348	308
qualif. Splinth.fläche	[cm²%/cm²S]	32520	27599	25458	125171	71923	54691
qualif. Splintholzanteil	[%/%]	44	49	61	168	128	132

Projekt 4.001-0.86.12		Kapitel 'SPLINTHOLZANTEIL'			Baum FIN30		
Methoden		DARRTROCKNUNG			VITAMAT		
Höhen	[m]	02	07	12	02	07	12
Stammquerschnittsfläche	[cm²]	403	301	254	403	301	254
Splintholzbreite Nord	[cm]	2	1.5	2	2	1.5	2
max. Wassergehalt/Leitwert	[%/S]	156	140	126	584	843	949
tot. Wassergehalt/Leitwert	[%/S]	477	338	434	1952	2834	4017
mittlerer Wassergeh./Leitw.	[%/S]	119	113	109	195	354	402
qualif. Splinth.fläche	[cm²%/cm²S]	15635	9662	10980	26541	33148	42466
qualif. Splintholzanteil	[%/%]	39	32	43	66	110	167

Projekt 4.001-0.86.12		Kapitel 'SPLINTHOLZANTEIL'			Baum FIN31		
Methoden		DARRTROCKNUNG			VITAMAT		
Höhen	[m]	02	07	12	02	07	12
Stammquerschnittsfläche	[cm²]	814	630	519	814	630	519
Splintholzbreite Nord	cm]	2.5	2.5	3	2.5	2.5	3
max. Wassergehalt/Leitwert	[%/S]	148	198	190	499	475	530
tot. Wassergehalt/Leitwert	[%/S]	641	745	900	1469	1035	1121
mittlerer Wassergeh./Leitw.	[%/S]	128	149	150	113	80	75
qualif. Splinth.fläche	[cm²%/cm²S]	29966	30412	32389	28439	17492	17219
qualif. Splintholzanteil	[%/%]	37	48	62	35	28	33

Projekt 4.001-0.86.12		Kapitel 'SPLINTHOLZANTEIL'			Baum FIN32		
Methoden		DARRTROCKNUNG			VITAMAT		
Höhen	[m]	02	07	12	02	07	12
Stammquerschnittsfläche	[cm²]	841	659	566	841	659	566
Splintholzbreite Nord	[cm]	2.5	2	3.5	2.5	2	3.5
max. Wassergehalt/Leitwert	[%/S]	155	145	169	508	305	402
tot. Wassergehalt/Leitwert	[%/S]	678	495	918	1230	889	1432
mittlerer Wassergeh./Leitw.	[%/S]	136	124	131	95	89	80
qualif. Splinth.fläche	[cm²%/cm²S]	32288	21065	34164	24139	15426	22207
qualif. Splintholzanteil	[%/%]	38	32	60	29	23	39

Projekt 4.001-0.86.12 Kapitel 'SPLINTHOLZANTEIL' Baum FIN33

Methoden		DARRTROCKNUNG			VITAMAT		
Höhen	[m]	02	07	12	02	07	12
Stammquerschnittsfläche	[cm²]	1071	699	588	1071	699	588
Splintholzbreite Nord	[cm]	3	3	1.5	3	3	1.5
max. Wassergehalt/Leitwert	[%/S]	136	128	134	479	302	382
tot. Wassergehalt/Leitwert	[%/S]	729	710	337	1615	1626	646
mittlerer Wassergeh./Leitw.	[%/S]	121	118	112	108	108	81
qualif. Splinth.fläche	[cm²%/cm²S]	38988	29998	13733	35718	28316	10834
qualif. Splintholzanteil	[%/%]	36	43	23	33	41	18

Projekt 4.001-0.86.12 Kapitel 'SPLINTHOLZANTEIL' Baum FIN34

Methoden		DARRTROCKNUNG			VITAMAT		
Höhen	[m]	02	07	12	02	07	12
Stammquerschnittsfläche	[cm²]	711	596	429	711	596	429
Splintholzbreite Nord	[cm]	1.5	2.5	3	1.5	2.5	3
max. Wassergehalt/Leitwert	[%/S]	226	251	259	426	464	503
tot. Wassergehalt/Leitwert	[%/S]	565	1005	1165	1459	1506	1464
mittlerer Wassergeh./Leitw.	[%/S]	188	201	194	182	116	98
qualif. Splinth.fläche	[cm²%/cm²S]	25512	39961	38027	26683	24845	20241
qualif. Splintholzanteil	[%/%]	36	67	89	38	42	47

172

Projekt 4.001-0.86.12		Kapitel 'SPLINTHOLZANTEIL'				Baum FIS50		
Methoden		DARRTROCKNUNG			VITAMAT			
Höhen	[m]	02	07	12	02	07	12	
Stammquerschnittsfläche	[cm^2]	1517	1111	910	1517	1111	910	
Splintholzbreite Nord	[cm]	7.5	7.5	6	7.5	7.5	6	
max. Wassergehalt/Leitwert	[%/S]	209	200	171				
tot. Wassergehalt/Leitwert	[%/S]	2633	2376	1685				
mittlerer Wassergeh./Leitw.	[%/S]	176	158	140				
qualif. Splinth.fläche [cm^2%/cm^{2}S]		152503	115121	75263				
qualif. Splintholzanteil	[%/%]	101	104	83				

Projekt 4.001-0.86.12		Kapitel 'SPLINTHOLZANTEIL'				Baum FIS51		
Methoden		DARRTROCKNUNG			VITAMAT			
Höhen	[m]	02	07	12	02	07	12	
Stammquerschnittsfläche	[cm^2]	1676	1172	935	1676	1172	935	
Splintholzbreite Nord	[cm]	6	5	4.5	6	5	4.5	
max. Wassergehalt/Leitwert	[%/S]	219	209	225				
tot. Wassergehalt/Leitwert	[%/S]	2054	1663	1570				
mittlerer Wassergeh./Leitw.	[%/S]	171	166	174				
qualif. Splinth.fläche [cm^2%/cm^{2}S]		131725	89042	75264				
qualif. Splintholzanteil	[%/%]	79	76	80				

Projekt 4.001-0.86.12		Kapitel 'SPLINTHOLZANTEIL'				Baum FIS52		
Methoden		DARRTROCKNUNG			VITAMAT			
Höhen	[m]	02	07	12	02	07	12	
Stammquerschnittsfläche	[cm^2]	1007	772	623	1007	772	623	
Splintholzbreite Nord	[cm]	1	3	5.5	1	3	5.5	
max. Wassergehalt/Leitwert	[%/S]	197	208	197	469	885	553	
tot. Wassergehalt/Leitwert	[%/S]	343	1076	1739	871	2788	2737	
mittlerer Wassergeh./Leitw.	[%/S]	172	179	158	174	186	98	
qualif. Splinth.fläche [cm^2%/cm^{2}S]		18815	48273	63248	19277	51964	42590	
qualif. Splintholzanteil	[%/%]	19	63	102	19	67	68	

Projekt 4.001-0.86.12 Kapitel 'SPLINTHOLZANTEIL' Baum FIS53

Methoden		DARRTROCKNUNG			VITAMAT		
Höhen	[m]	02	07	12	02	07	12
Stammquerschnittsfläche	[cm²]	813	618	489	813	618	489
Splintholzbreite Nord	[cm]	2	3.5	4.5	2	3.5	4.5
max. Wassergehalt/Leitwert	[%/S]	169	166	176	370	503	609
tot. Wassergehalt/Leitwert	[%/S]	612	996	1443	1058	2033	2340
mittlerer Wassergeh./Leitw.	[%/S]	153	142	160	106	113	102
qualif. Splinth.fläche	[cm²%/cm²S]	28942	38531	46353	20681	33000	32700
qualif. Splintholzanteil	[%/%]	36	62	95	25	53	67

Projekt 4.001-0.86.12 Kapitel 'SPLINTHOLZANTEIL' Baum FIS54

Methoden		DARRTROCKNUNG			VITAMAT		
Höhen	[m]	02	07	12	02	07	12
Stammquerschnittsfläche	[cm²]	1122	857	578	1122	857	578
Splintholzbreite Nord	[cm]	5.5	4.5	5.5	5.5	4.5	5.5
max. Wassergehalt/Leitwert	[%/S]	213	204	195	458	449	446
tot. Wassergehalt/Leitwert	[%/S]	2026	1645	1896	2173	1086	1823
mittlerer Wassergeh./Leitw.	[%/S]	184	183	172	78	47	65
qualif. Splinth.fläche	[cm²%/cm²S]	103359	74211	65529	45775	21143	27413
qualif. Splintholzanteil	[%/%]	92	87	113	41	25	47

Projekt 4.001-0.86.12 Kapitel 'SPLINTHOLZANTEIL' Baum FIS55

Methoden		DARRTROCKNUNG			VITAMAT		
Höhen	[m]	02	07	12	02	07	12
Stammquerschnittsfläche	[cm²]	599	469	356	599	469	356
Splintholzbreite Nord	[cm]	2.5	1.5	2	2.5	1.5	2
max. Wassergehalt/Leitwert	[%/S]	165	148	166	314	424	314
tot. Wassergehalt/Leitwert	[%/S]	773	384	525	1156	669	955
mittlerer Wassergeh./Leitw.	[%/S]	155	128	131	89	84	96
qualif. Splinth.fläche	[cm²%/cm²S]	30586	13902	16087	18882	9983	12136
qualif. Splintholzanteil	[%/%]	51	30	45	32	21	34

174

Projekt 4.001-0.86.12		Kapitel 'SPLINTHOLZANTEIL'			Baum FIS56		
Methoden		DARRTROCKNUNG			VITAMAT		
Höhen	[m]	02	07	12	02	07	12
Stammquerschnittsfläche	[cm²]	370	256	169	370	256	169
Splintholzbreite Nord	[cm]	2.5	3	2.5	2.5	3	2.5
max. Wassergehalt/Leitwert	[%/S]	128	127	121		259	96
tot. Wassergehalt/Leitwert	[%/S]	574	664	566		395	251
mittlerer Wassergeh./Leitw.	[%/S]	115	111	113		26	17
qualif. Splinth.fläche [cm²%/cm²S]		17464	15881	10876		4296	2071
qualif. Splintholzanteil	[%/%]	47	62	64		17	12

Projekt 4.001-0.86.12		Kapitel 'SPLINTHOLZANTEIL'			Baum FIS57		
Methoden		DARRTROCKNUNG			VITAMAT		
Höhen	[m]	02	07	12	02	07	12
Stammquerschnittsfläche	[cm²]	229	168	64	229	168	64
Splintholzbreite Nord	[cm]	3	2	4	3	2	4
max. Wassergehalt/Leitwert	[%/S]	135	183	207	205	334	167
tot. Wassergehalt/Leitwert	[%/S]	704	622	1140	480	845	408
mittlerer Wassergeh./Leitw.	[%/S]	117	156	143	32	85	20
qualif. Splinth.fläche [cm²%/cm²S]		15802	12477	10282	4749	7382	1839
qualif. Splintholzanteil	[%/%]	69	74	161	21	44	29

Projekt 4.001-0.86.12		Kapitel 'SPLINTHOLZANTEIL'			Baum FIS58		
Methoden		DARRTROCKNUNG			VITAMAT		
Höhen	[m]	02	07	12	02	07	12
Stammquerschnittsfläche	[cm²]	152	123	79	152	123	79
Splintholzbreite Nord	[cm]	1	1	2	1	1	2
max. Wassergehalt/Leitwert	[%/S]	106	117	137	141	181	194
tot. Wassergehalt/Leitwert	[%/S]	212	224	494	207	348	289
mittlerer Wassergeh./Leitw.	[%/S]	106	112	123	41	70	29
qualif. Splinth.fläche [cm²%/cm²S]		4295	4067	6279	1758	2637	1657
qualif. Splintholzanteil	[%/%]	28	33	79	12	21	21

Projekt 4.001–0.86.12		Kapitel 'SPLINTHOLZANTEIL'			Baum FIS59		
Methoden		DARRTROCKNUNG			VITAMAT		
Höhen	[m]	02	07	12	02	07	12
Stammquerschnittsfläche	[cm²]	223	145	125	223	145	125
Splintholzbreite Nord	[cm]	2	2	0	2	2	0
max. Wassergehalt/Leitwert	[%/S]	115	115				
tot. Wassergehalt/Leitwert	[%/S]	434	435				
mittlerer Wassergeh./Leitw.	[%/S]	109	109				
qualif. Splinth.fläche	[cm²%/cm²S]	10181	7967				
qualif. Splintholzanteil	[%/%]	46	55				

Projekt 4.001–0.86.12		Kapitel 'SPLINTHOLZANTEIL'			Baum FIS60		
Methoden		DARRTROCKNUNG			VITAMAT		
Höhen	[m]	02	07	12	02	07	12
Stammquerschnittsfläche	[cm²]	649	472	339	649	472	339
Splintholzbreite Nord	[cm]	1.5	1.5	3	1.5	1.5	3
max. Wassergehalt/Leitwert	[%/S]		191	179	188	411	334
tot. Wassergehalt/Leitwert	[%/S]		518	876	685	954	579
mittlerer Wassergeh./Leitw.	[%/S]		173	146	86	119	39
qualif. Splinth.fläche	[cm²%/cm²S]		18757	24838	11679	14287	7159
qualif. Splintholzanteil	[%/%]		40	73	18	30	21

Projekt 4.001–0.86.12		Kapitel 'SPLINTHOLZANTEIL'			Baum FIS61		
Methoden		DARRTROCKNUNG			VITAMAT		
Höhen	[m]	02	07	12	02	07	12
Stammquerschnittsfläche	[cm²]	2116	1596	1346	2116	1596	1346
Splintholzbreite Nord	[cm]	4.5	4.5	4.5	4.5	4.5	4.5
max. Wassergehalt/Leitwert	[%/S]	188	200	211	407	314	398
tot. Wassergehalt/Leitwert	[%/S]	1518	1451	1414	1501	952	799
mittlerer Wassergeh./Leitw.	[%/S]	169	161	157	65	41	35
qualif. Splinth.fläche	[cm²%/cm²S]	113666	93380	82984	47178	25890	19969
qualif. Splintholzanteil	[%/%]	54	59	62	22	16	15

Projekt 4.001-0.86.12 — Kapitel 'SPLINTHOLZANTEIL' — Baum FIS62

Methoden		DARRTROCKNUNG			VITAMAT		
Höhen	[m]	02	07	12	02	07	12
Stammquerschnittsfläche	[cm²]	1850	1558	1340	1850	1558	1340
Splintholzbreite Nord	[cm]	4	5	5	4	5	5
max. Wassergehalt/Leitwert	[%/S]	173	203	192			
tot. Wassergehalt/Leitwert	[%/S]	1248	1576	1506			
mittlerer Wassergeh./Leitw.	[%/S]	156	158	151			
qualif. Splinth.fläche	[cm²%/cm²S]	87743	99355	87223			
qualif. Splintholzanteil	[%/%]	47	64	65			

Projekt 4.001-0.86.12 — Kapitel 'SPLINTHOLZANTEIL' — Baum FIS63

Methoden		DARRTROCKNUNG			VITAMAT		
Höhen	[m]	02	07	12	02	07	12
Stammquerschnittsfläche	[cm²]	2220	1785	1436	2220	1785	1436
Splintholzbreite Nord	[cm]	8	6.5	5.5	8	6.5	5.5
max. Wassergehalt/Leitwert	[%/S]	180	168	175			
tot. Wassergehalt/Leitwert	[%/S]	2545	1865	1638			
mittlerer Wassergeh./Leitw.	[%/S]	159	143	149			
qualif. Splinth.fläche	[cm²%/cm²S]	182143	122054	97057			
qualif. Splintholzanteil	[%/%]	82	68	68			

Projekt 4.001-0.86.12 — Kapitel 'SPLINTHOLZANTEIL' — Baum FIS64

Methoden		DARRTROCKNUNG			VITAMAT		
Höhen	[m]	02	07	12	02	07	12
Stammquerschnittsfläche	[cm²]	3349	2266	1999	3349	2266	1999
Splintholzbreite Nord	[cm]	2.5	1.5	2	2.5	1.5	2
max. Wassergehalt/Leitwert	[%/S]	180	170	187	484	357	350
tot. Wassergehalt/Leitwert	[%/S]	732	446	603	1314	800	642
mittlerer Wassergeh./Leitw.	[%/S]	146	149	151	101	100	64
qualif. Splinth.fläche	[cm²%/cm²S]	72526	36683	46063	53080	26619	19945
qualif. Splintholzanteil	[%/%]	22	16	23	16	12	10

Projekt 4.001-0.86.12		Kapitel 'SPLINTHOLZANTEIL'			Baum FIS65		
Methoden		DARRTROCKNUNG			VITAMAT		
Höhen	[m]	02	07	12	02	07	12
Stammquerschnittsfläche	[cm²]	636	545	402	636	545	402
Splintholzbreite Nord	[cm]	2	2	2	2	2	2
max. Wassergehalt/Leitwert	[%/S]	172	189	184	323	319	325
tot. Wassergehalt/Leitwert	[%/S]	571	601	647	764	541	824
mittlerer Wassergeh./Leitw.	[%/S]	143	150	162	76	54	82
qualif. Splinth.fläche [cm²%/cm²S]		23922	23196	21091	13088	8671	11308
qualif. Splintholzanteil	[%/%]	38	43	52	21	16	28

Projekt 4.001-0.86.12		Kapitel 'SPLINTHOLZANTEIL'			Baum FIS66		
Methoden		DARRTROCKNUNG			VITAMAT		
Höhen	[m]	02	07	12	02	07	12
Stammquerschnittsfläche	[cm²]	887	567	501	887	567	501
Splintholzbreite Nord	[cm]	3	2	2.5	3	2	2.5
max. Wassergehalt/Leitwert	[%/S]	163	184	197	382	328	433
tot. Wassergehalt/Leitwert	[%/S]	834	622	821	1250	814	919
mittlerer Wassergeh./Leitw.	[%/S]	139	155	164	83	81	71
qualif. Splinth.fläche [cm²%/cm²S]		40355	24495	29655	24958	13218	13904
qualif. Splintholzanteil	[%/%]	45	43	59	28	23	28

Projekt 4.001-0.86.12		Kapitel 'SPLINTHOLZANTEIL'			Baum FIS70		
Methoden		DARRTROCKNUNG			VITAMAT		
Höhen	[m]	02	07	12	02	07	12
Stammquerschnittsfläche	[cm²]	970	772	609	970	772	609
Splintholzbreite Nord	[cm]	7	6	6	7	6	6
max. Wassergehalt/Leitwert	[%/S]	222	208	192	311	323	451
tot. Wassergehalt/Leitwert	[%/S]	2503	1967	2099	1284	780	1832
mittlerer Wassergeh./Leitw.	[%/S]	179	164	161	37	26	41
qualif. Splinth.fläche [cm²%/cm²S]		113446	79998	69689	25162	13888	26736
qualif. Splintholzanteil	[%/%]	117	104	114	26	18	44

Projekt 4.001-0.86.12		Kapitel 'SPLINTHOLZANTEIL'			Baum FIS71		
Methoden		DARRTROCKNUNG			VITAMAT		
Höhen	[m]	02	07	12	02	07	12
Stammquerschnittsfläche	[cm²]	1492	1090	868	1492	1090	868
Splintholzbreite Nord	[cm]	10	7	6	10	7	6
max. Wassergehalt/Leitwert	[%/S]	224	193	199			
tot. Wassergehalt/Leitwert	[%/S]	3624	2219	1992			
mittlerer Wassergeh./Leitw.	[%/S]	181	158	166			
qualif. Splinth.fläche [cm²%/cm²S]		194963	107559	86761			
qualif. Splintholzanteil	[%/%]	131	99	100			

Projekt 4.001-0.86.12		Kapitel 'SPLINTHOLZANTEIL'			Baum FIS72		
Methoden		DARRTROCKNUNG			VITAMAT		
Höhen	[m]	02	07	12	02	07	12
Stammquerschnittsfläche	[cm²]	2174	1639	1240	2174	1639	1240
Splintholzbreite Nord	[cm]	1.5	3.5	4	1.5	3.5	4
max. Wassergehalt/Leitwert	[%/S]	203	202	207			
tot. Wassergehalt/Leitwert	[%/S]	529	1180	1413			
mittlerer Wassergeh./Leitw.	[%/S]	176	169	177			
qualif. Splinth.fläche [cm²%/cm²S]		42566	78783	80025			
qualif. Splintholzanteil	[%/%]	20	48	65			

Projekt 4.001-0.86.12		Kapitel 'SPLINTHOLZANTEIL'			Baum FIS73		
Methoden		DARRTROCKNUNG			VITAMAT		
Höhen	[m]	02	07	12	02	07	12
Stammquerschnittsfläche	[cm²]	533	391	263	533	391	263
Splintholzbreite Nord	[cm]	2	0	0	2	0	0
max. Wassergehalt/Leitwert	[%/S]						
tot. Wassergehalt/Leitwert	[%/S]						
mittlerer Wassergeh./Leitw.	[%/S]						
qualif. Splinth.fläche [cm²%/cm²S]							
qualif. Splintholzanteil	[%/%]						

Projekt 4.001-0.86.12	Kapitel 'SPLINTHOLZANTEIL'			Baum FIS74		
Methoden	DARRTROCKNUNG			VITAMAT		
Höhen [m]	02	07	12	02	07	12
Stammquerschnittsfläche [cm²]	501	357	259	501	357	259
Splintholzbreite Nord [cm]	2	1.5	1	2	1.5	1
max. Wassergehalt/Leitwert [%/S]	152	160	149	124	236	259
tot. Wassergehalt/Leitwert [%/S]	488	392	273	265	412	581
mittlerer Wassergeh./Leitw. [%/S]	122	131	137	27	52	116
qualif. Splinth.fläche [cm²%/cm²S]	17982	12292	7390	4045	5339	6423
qualif. Splintholzanteil [%/%]	36	34	29	8	15	25

Projekt 4.001-0.86.12	Kapitel 'SPLINTHOLZANTEIL'			Baum FIS75		
Methoden	DARRTROCKNUNG			VITAMAT		
Höhen [m]	02	07	12	02	07	12
Stammquerschnittsfläche [cm²]	299	217	118	299	217	118
Splintholzbreite Nord [cm]	0	0	0	0	0	0
max. Wassergehalt/Leitwert [%/S]						
tot. Wassergehalt/Leitwert [%/S]						
mittlerer Wassergeh./Leitw. [%/S]						
qualif. Splinth.fläche [cm²%/cm²S]						
qualif. Splintholzanteil [%/%]						

Projekt 4.001-0.86.12	Kapitel 'SPLINTHOLZANTEIL'			Baum FIS76		
Methoden	DARRTROCKNUNG			VITAMAT		
Höhen [m]	02	07	12	02	07	12
Stammquerschnittsfläche [cm²]	446	335	234	446	335	234
Splintholzbreite Nord [cm]	1.5	1.5	1	1.5	1.5	1
max. Wassergehalt/Leitwert [%/S]	191	159	195			
tot. Wassergehalt/Leitwert [%/S]	467	392	350			
mittlerer Wassergeh./Leitw. [%/S]	156	131	175			
qualif. Splinth.fläche [cm²%/cm²S]	16489	11864	8978			
qualif. Splintholzanteil [%/%]	37	35	38			

ANHANG 1c: SPLINTHOLZMERKMALE AUS DEN NMR-UNTERSUCHUNGEN

Scheiben-bezeich-nung	Splintholz-anteil % geschätzt	Gewichteter Wassergehalt (Signaldichte) cm²xBPxMio.	Qualifizierte Splintholz-fläche cm²xBPxMio.	Qualifizierter Splintholz-anteil cm²xBPxMio.
FIN 1002	84	147,9	81189	119,2
1007	73	177,4	72391	132,8
1012	67	145,6	37834	81,5
FIN 1102	77	74,8	46476	56,2
1107	81	99,8	62372	92,1
1112	92	168,9	84716	162,9
FIN 1202	52	84,0	45562	47,2
1207	46	75,3	27015	36,8
1212	42	64,2	16066	29,6
FIN 1302	36	182,3	50298	53,1
1307	51	80,0	25861	34,9
1312	68	95,2	31779	55.1
FIN 1402	45	127,8	37276	52,5
1407	28	131,3	21885	37,4
1412	23	135,7	14544	29,0
FIN 1502	41	83,6	74174	39,7
1507	48	80,8	62979	45,2
1512	53	77,8	51826	45,3
FIN 1602	74	42,1	3712	35,3
1607	85	44,2	2635	35,6
1612	77	30,9	1314	27,3
FIN 1702	68	58,8	9099	45,0
1707	75	51,0	6718	45,0
1712	58	68,0	5431	51,7
FIN 1802	34	77,9	16361	30,2
1807	31	90,6	13656	32,0
1812	35	81,5	10984	32,7
FIN 1902	57	65,1	5006	47,2
1907	34	58,5	4242	45,6
1912	82	56,0	2764	44,5
FIN 2002	47	123,7	31480	64,7
2007	56	103,6	21748	65,3
2012	58	87,6	13822	64,2
FIN 2102	32	64,8	16830	24,7
2107	29	41,3	7035	15,7
2112	41	38,6	7382	20,6
FIN 2202	52	136,9	137790	88,6
2207	45	87,3	53666	43,8
2212	50	60,6	36919	34,2
FIN 2302	51	225,3	190675	73,7
2307	52	178,7	131656	85,4
2312	42	227,8	132006	100,9
FIN 2402	22	190,1	110744	35,4
2407	30	197,7	105986	45,4
2412	42	270,7	203788	108,5
FIN 2502	37	78,3	43656	32,6
2507	34	40,0	15452	14,7
2512	32	59,4	17708	21,9

ANHANG 1c: SPLINTHOLZMERKMALE AUS DEN NMR-UNTERSUCHUNGEN

Scheiben-bezeich-nung	Splintholz-anteil % geschätzt	Gewichteter Wassergehalt (Signaldichte) cm²xBPxMio.	Qualifizierte Splintholz-fläche cm²xBPxMio.	Qualifizierter Splintholz-anteil cm²xBPxMio.
FIN 2602	30	94,5	39462	28,1
2607	31	85,4	24771	24,9
2612	32	103,1	29727	33,0
FIN 2702	27	98,6	36875	29,4
2707	26	34,4	7625	8,0
2712	28	60,9	12188	14,5
FIN 2802	44	21,4	8280	11,2
2807	30	69,5	13040	26,8
2812	39	45,1	7748	20,0
FIN 2902	30	102,1	25855	34,6
2907	33	78,8	18522	33,0
2912	38	63,3	10672	25,7
FIN 3002	32	36,1	5404	13,4
3007	28	17,5	1556	5,1
3012	40	39,7	5057	19,9
FIN 3102	28	52,8	11386	13,9
3107	32	59,5	12948	20,5
3112	42	55,0	12439	23,9
FIN 3202	28	66,4	17549	20,8
3207	26	35,4	7718	11,7
3212	44	58,8	15170	26,8
FIN 3302	29	44,2	8463	7,9
3307	25	36,5	9355	13,3
3312	20	66,7	13586	23,1
FIN 3402	19	–	–	–
3407	33	–	–	–
3412	45	–	–	–
FIS 5002	57	18,9	13585	8,9
5007	65	46,8	31096	27,9
5012	58	49,2	26282	28,8
FIS 5102	45	28,9	19221	11,4
5107	44	35,8	15287	13,0
5112	44	40,5	15789	16,8
FIS 5202	10	25,0	2566	2,5
5207	34	38,3	8882	11,5
5212	62	37,7	11789	18,9
FIS 5302	23	35,5	6897	8,4
5307	44	43,2	10085	16,3
5312	59	34,7	8653	17,6
FIS 5402	48	269,0	173609	154,7
5407	47	132,1	54797	63,9
5412	65	274,5	95240	164,7
FIS 5502	32	207,0	42864	71,5
5507	23	151,0	244277	51,7
5512	33	115,4	18686	52,4
FIS 5602	40	145,7	24160	65,2
5607	54	256,4	36534	142,7
5612	56	161,8	17762	105,1

ANHANG 1c: SPLINTHOLZMERKMALE AUS DEN NMR-UNTERSUCHUNGEN

Scheiben-bezeich-nung	Splintholz-anteil % geschätzt	Gewichteter Wassergehalt (Signaldichte) cm^2xBPxMio.	Qualifizierte Splintholz-fläche cm^2xBPxMio.	Qualifizierter Splintholz-anteil cm^2xBPxMio.
FIS 5702	41	119,9	18390	80,3
5707	47	112,7	11374	67,7
5712	99	106,2	14073	219,9
FIS 5802	27	111,0	6462	42,5
5807	30	124,8	5369	43,6
5812	63	166,3	8427	106,6
FIS 5902	40	69,5	8403	37,6
5907	45	76,9	6770	46,6
5912	—	88,1	7438	59,5
FIS 6002	—	70,2	4870	7,5
6007	23	100,0	12750	27,0
6012	49	69,9	16378	48,3
FIS 6102	31	63,8	52721	24,9
6107	36	63,6	42453	26,6
6112	39	77,4	44793	33,2
FIS 6202	29	54,5	24855	13,4
6207	40	40,7	21459	13,7
6212	43	40,3	21283	15,8
FIS 6302	50	29,9	24834	11,1
6307	48	34,5	25689	14,3
6312	46	34,1	19806	13,7
FIS 6402	15	132,1	141583	42,2
6407	11	90,1	74028	32,6
6412	15	106,0	73499	36,7
FIS 6502	25	168,8	27301	42,9
6507	27	185,1	31721	58,2
6512	32	194,3	31549	78,4
FIS 6602	34	152,7	48158	54,2
6607	28	148,5	29213	51,5
6612	36	164,9	34736	69,3
FIS 7002	63	87,3	66262	68,3
7007	58	84,1	53174	68,8
7012	62	85,2	43689	71,7
FIS 7102	71	47,3	43823	29,3
7107	60	40,0	23047	21,1
7112	58	45,3	20356	23,4
FIS 7202	11	25,0	6180	2,8
7207	29	24,9	10721	6,5
7212	36	38,8	15132	12,2
FIS 7302	—	101,0	26206	49,1
7307	—	94,3	15011	38,3
7312	—	92,8	17849	67,8
FIS 7402	28	62,3	7596	15,1
7407	25	56,1	5599	15,6
7412	20	65,0	5563	21,4
FIS 7502	—	48,0	3957	13,2
7507	—	64,2	8769	40,4
7512	—	86,1	8106	68,7
FIS 7602	25	58,4	7549	16,9
7607	26	59,9	5588	16,6
7612	22	85,4	6221	26,5